陕西师范大学优秀学术著作出版资助
陕西省社会科学基金年度项目
（立项号：2023A027）

中国特色生态治理模式研究

ZHONGGUO
TESE SHENGTAI
ZHILI MOSHI
YANJIU

杨永浦 著

陕西师范大学出版总社 西安

图书代号　SK24N2354

图书在版编目(CIP)数据

中国特色生态治理模式研究 / 杨永浦著. — 西安 : 陕西师范大学出版总社有限公司, 2024.10

ISBN 978-7-5695-4053-6

Ⅰ.①中… Ⅱ.①杨… Ⅲ.①生态环境－环境综合整治－研究－中国 Ⅳ.①X321.2

中国国家版本馆CIP数据核字(2024)第016256号

中国特色生态治理模式研究

ZHONGGUO TESE SHENGTAI ZHILI MOSHI YANJIU

杨永浦　著

出 版 人　刘东风
责任编辑　王雅琨
责任校对　陈君明
封面设计　张潇伊
出版发行　陕西师范大学出版总社
（西安市长安南路199号　邮编 710062）
网　　址　http: //www.snupg.com
印　　刷　中煤地西安地图制印有限公司
开　　本　787 mm × 1092 mm　1/16
印　　张　12.5
插　　页　1
字　　数　208千
版　　次　2024年10月第1版
印　　次　2024年10月第1次印刷
书　　号　ISBN 978-7-5695-4053-6
定　　价　69.00元

前　言

伴随着人类文明进步和社会经济发展，自然却变得满目疮痍，反过来成为制约人类社会可持续发展的瓶颈，这要求人类必须对此予以高度重视并付诸切实行动。自新中国成立以来，党和国家十分重视生态环境问题，经过长期的理论探究和实践探索，具有中国特色的生态治理模式逐渐形成。基于理论与实际相结合、学理和事理相统一，对中国特色生态治理模式进行系统阐发具有重要的理论价值和现实意义。中国特色生态治理模式立足社会现实情境，在遵循生态系统内在运行规律、人类社会发展基本规律以及人与自然关系演进规律的基础上，注重将生态效益与社会效益相统一、市场主体与政府主体相协调、环境代内公正与代际公平相兼顾作为价值取向。从结构上看，中国特色生态治理模式的基本结构由主体、客体、目标、制度、机制构成，具体而言，治理主体是在党中央集中统一领导下，政府主导、企业主体、社会组织和公众共同参与的多元化体系；治理客体是以社会关系为本质指向的生态环境问题，生态环境问题表象在自然领域，实质在社会领域，这要求通过调整社会关系来推动人与自然关系的改善；治理目标表现为“人民—社会—国家”三位一体结构，即以优质生态产品满足人民对美好生活的需求，以有限的资源环境承载力实现经济社会可持续发展，以美丽中国擘画社会主义现代化强国新愿景；生态制度是规制主体行为的科学选择，是生态理念向生态实践转化的重要媒介，建立贯穿源头、过程、后果的完备制度体系是生态治理的重要抓手和强力保障；德法协同、区域联动、试点推广、科技创新以及竞合博弈是中国特色生态治理模式的多维治理机制。总的来说，中国特色生态治理模式鲜明体现了“人民至上”的根本理念以及以中国共产党为领导核心的本质特征和优势。当然，在推进中国特色生态治理模式的过程中，也存在城乡治理不平衡、政策执行偏差、全球外部压力等潜在挑战，这是中国特色生态治理模式需要进一步解决的问题和优化方向。反观发达资本主义国家生态治理，虽然起步较早，历史上取得明显成效，但是反思其现象背后的历史过程、逻辑理路和制度依托，可以发现，产业转移、污染转嫁是其重要治理手段，资本主义制度或生产方式不可避免地招致治理困境，因而可以说，发达资本主义国家未能从根本上克服生态环境问题。

经过系统梳理、深入剖析以及横向对比，本书得出以下主要结论：第一，中国特色生态治理模式的生成是一个渐进的过程。目前主要经历了孕育萌芽阶段（1949—1978）、初步发展阶段（1978—1992）、快速发展阶段（1992—2012）、基本形成阶段（2012至今）等四个阶段，以习近平生态文明思想的确立为标志，这一模式基本形成，并在此基础上向更加成熟完善的阶段发展。第二，中国特色生态治理模式的理念是价值取向、规律遵循和现实情境的综合集成，治理的主体、客体、目标、制度、机制组成其基本结构。规律遵循体现可能性，价值取向体现必要性，但是“可能性+必要性≠可行性”，理念的可行性及其程度还取决于现实情境。在理念指引下，中国特色生态治理模式形成了由党领导下的多元治理主体、以社会关系为本质指向的治理客体、“人民—社会—国家”三位一体的治理目标、系统完备的治理制度、多维协同的治理机制组成的基本结构。第三，中国特色生态治理与发达资本主义国家生态治理是形似质异的两种模式类型。二者虽然表面具有立法执法、科技创新、产业升级等相似的治理手段，但背后的治理逻辑和制度依托却存在巨大差异。发达资本主义国家的生态治理建立在资本主义私有制之上，遵循“资本至上”的内在逻辑。中国特色生态治理以社会主义的经济、政治、法律制度为基础，遵循“人民至上”的内在逻辑，不仅能够发挥独特的制度优势，更能为生态治理输送源源不断的群众力量与智慧。第四，中国特色生态治理模式具有独特优势以及深刻的现实价值。中国特色生态治理模式具有理念、制度、文化三重优势。其现实价值体现在，中国特色生态治理模式不仅实现了本国生态环境的持续好转，为发展中国家提供可资借鉴的样板，更重要的是，它是开创人与自然和谐共生现代化新形态的强力助翼，有助于完善全球生态治理体系，进而推动人类生态命运共同体建设。

学术研究就是在特定主题下基于前人成果努力向前拓展创新的过程，即便是微小的突破都足以振奋人心。本书在已有研究基础上进一步拓展，尝试在以下方面有所创新：其一，从治理模式的新视角对中国特色生态治理进行系统凝练。通过治理模式所内含的理念、目标、主体、客体、制度、机制等多维构成要素，在理论与实践的统一中阐扬中国生态治理模式的优势和价值。其二，剖析了发达资本主义国家生态治理的四重现实困境，即资本技术联姻下的治理悖论、政治利益导向下的政策断裂、本国利益优先下的责任赤字、社会与政府的角色功能倒置。其三，运用资本双重逻辑阐释中国特色生态治理模式的经济制度优势。运动逻辑是资本作为经济现象按自身规律运动的逻辑，集中体现为无限增值和扩张的逻辑，运作逻辑是资本遵循所有者意志进行运作的逻辑。在资本主义社会，资本所有者在运作资本时为了攫取更多利润会极力为资本增殖和扩张扫清障碍，甚至不惜以资源环境为代价，此时运动逻辑和运作逻辑同时同向同性发生作用，导致资本反生态的外部走向。在社会主义基本制度场景下，资本的运动逻辑仍然以增值为目的，但运作逻辑则体现以人民为中心的根本要求，运作逻辑成为牵引运动逻辑、降低资本增殖之生态成本的重要力量，二者同时反向异性发力，从而实现资本合生态的外部走向。

目　录

引　　言

中国特色生态治理模式何以确证

研究中国特色生态治理模式顺应时代趋势和需要，同时聚焦人民关切，具有重要的理论价值和实践意义。国内外学者的相关研究为本研究开展提供了丰富的材料，梳理过往研究的过程既是奠基的过程，同时也是从中寻找突破点和创新点的过程。此外，清晰的思路、科学的方法也是渐次展开研究的重要保障。

一、中国特色生态治理模式之研究缘起

立足人类社会永续发展的高度，正确认识和处理人与自然的关系是人类社会永恒的主题，这要求我们必须对生态环境问题及其治理予以持续的高度重视和深入研究。自人猿揖别以来，一种密切的、内在的联系便在人类与自然之间逐渐形成并始终伴随着人类的实践活动，可以说，人类灿烂的文明正是在与自然相互影响、相互作用过程中形成的。从依附崇拜自然，到认识改造自然，再到攫取控制自然，凭借在自然基础上形成的先进生产力，人类实现了由“来自自然之中”到“凌驾自然之上”的角色转变。经济社会在发展、人类文明在进步，自然却变得千疮百孔，资源枯竭、水土流失、湿地萎缩、气候变暖、雨林退化、海平面上升、生物多样性丧失等生态环境问题越发严重，尤其是欠发达以及应对环境变化能力较弱的国家和地区，人们所处的生态环境更加恶劣，这反过来成为人类可持续发展的根本制约和瓶颈。一场席卷全球并给人类生命健康带来严重威胁的疾病再次敲响警钟，人类在自然面前是如此渺小且不堪一击，伤害自然终将遭受无情反噬，尊重、顺应、保护自然，构建人与自然和谐共生的美好关系才是人类社会永续发展的唯一出路。

立足中国生态治理的现实维度，中国始终重视生态环境问题，并且在长期的理论探究和实践探索过程中，逐渐形成了独具特色的理念、经验、方法等，具有中国特色的生态治理模式愈发清晰。自新中国成立以来，生态环境问题逐渐引起党和国家的关注和重视，并且随着环境问题的凸显和人民生态需求的提升，这种关注和重视逐步升级。2003年，生态文明首次出现在中央文件——《关于加快林业发展的决定》中。党的十七大第一次明确提出“建设生态文明”，十八大提出包含生态在内的“五位一体”总体布局，十九大将“美丽中国”融入社会主义现代化强国目标之中，二十大强调站在人与自然和谐共生的高度谋划发展。从写入党的文件、党的报告，到成为党的指导思想、写入宪法上升为国家意志，生态文明建设的战略地位和重要性正不断被提升。目前，我国生态文明建设已经进入关键期、攻坚期、窗口期“三期叠加”的历时性关隘，更进一步讲，“十四五”期间已经进入了推动减污降碳协同增效、促进经济社会发展全面绿色转型、实现生态环境质量提高由量变到质变的关键时期。在前期已经取得一定成果基础上，今后将会遇到更大的困难和更加难以预测的风险，越是在这种关键时期，越是要对具有中国特色的生态治理模式进行研究，完善和健全具有自身特色的卓有成效的治理模式。

立足生态治理的国别差异维度，生态环境问题是横亘在全世界面前的共同难题，各个国家在现代化进程中都曾经或者正在遭遇生态环境问题，纵观中国与西方主要发达资本主义国家生态环境问题的解决之道有相似之处，但也存在重大本质差异。从现有的表面现象来看，客观而言，主要发达资本主义国家的生态环境在整体上是优于中国的，那这是否意味着中国特色的生态治理模式不如西方传统的生态治理模式？二者背后的本质差异到底在哪里？中国在解决生态环境问题的过程中能否有效平衡经济发展与环境保护的关系，正确处理政府与市场的关系？较之于西方发达资本主义国家，中国特色生态治理模式是否具有优势？体现在哪些方面？回答诸如此类问题，必须要对中国特色生态治理模式进行深入剖析，为此，在研究中凸显中国特色生态治理模式的深刻内涵和独特优势从而阐扬中国式现代化的本质特征成为重要缘起。

二、中国特色生态治理模式之研究意义

研究意义指本研究想要达成的目标或者所要体现的作用，可以表现为研究廓清了读者的思想困惑，解释清楚了相关概念理论，为实践提供了可行建

议，等等，与本书第六章“中国特色生态治理模式的现实价值”所阐释的内容是有所区别的。中国特色生态治理模式的现实价值是这个模式本身的作用和意义，客观来讲，有没有论文阐释或者有没有学者研究，它的价值都是事实存在并发挥作用的。由此可知，这二者有共通之处，但各有侧重。不宜将两者混淆，将研究对象本身的意义直接当作论文研究的意义。本书所要实现的研究意义主要包括两个方面：

理论意义方面，对中国特色生态治理的有效做法和成功经验进行系统性总结和概括，有利于深化对中国生态治理的相关理论研究，有利于丰富和发展马克思主义生态文明的相关理论，有利于在厘清中西生态治理本质的基础上增强中国特色生态治理的底气与信心。事实证明，中国特色的生态文明理论不是纯粹理论思辨的书斋式理论，也不是“必须背得烂熟并机械地加以重复的教条”，它深深根植于生动的治理实践，是开放的、与时俱进的、在与实践的互动中不断丰富发展的思想理论。一方面，模式本身是介于理论与实践之间的范畴，是理论与实践相互作用、相互转化的中介环节和桥梁纽带，模式研究是马克思主义实践观研究的拓展和丰富，有利于深化对马克思主义实践观的理解。中国特色生态治理模式研究以马克思恩格斯的基本生态思想为理论指导，结合中国特色生态治理的七十多年实践，系统化地总结和概括了其中的有效做法和成功经验，并对其进行模式化的提炼。换言之，中国特色生态治理模式所指向的是，中国特色的历史时空条件下生态环境问题的解决与克服，是马克思主义中国化在生态文明建设领域的重要组成部分，因此，对中国特色生态治理进行模式化的系统总结和提炼，将会在一定程度上丰富和发展马克思主义生态文明思想的相关理论。另一方面，面对全球性的生态环境问题，社会主义和资本主义以两种不同的逻辑和方式推进生态治理。发达资本主义国家凭借三次工业革命迅速发展经济，在全世界独占鳌头，在生态治理领域经过多年的探索和实践形成相对稳定的模式和方法。通过对比中国特色生态治理与资本主义生态治理不同的逻辑理路，可以厘清二者的本质区别，加深对资本主义生态治理本质的认识和理解，有利于增强中国特色生态治理的理论自信和制度自信。

现实意义方面，中国特色生态治理模式是科学性和价值性的统一，普遍性与特殊性的统一，系统研究这一模式有利于推动生态治理实践的拓展与深入，有利于对中国特色生态治理模式进行优化以更好地应对和解决生态治理的潜在挑战。新中国成立之后，尤其是十一届三中全会之后，党和国家在以经济建设为中心的同时，也在有条不紊地推进生态环境保护工作，理论认识上不断突破，法治建设上日趋完善，治理实践上纵深推进。实践证明，中国特色生态治理凭借自身的独特优势，取得卓著成效。尤其是党的十八大之后，中国生态环境状况公报2012年与2022年主要指标数据对比显示[①]，全国地级以上城市SO_2、NO_2和PM_{10}的年平均浓度分别下降26μg/m^3、9μg/m^3、29μg/m^3，酸雨面积占国土面积百分比下降7.2%，长江、黄河、西北和西南诸河等十大流域的I~III类水质比例由68.9%上升为90.2%，近岸海域优良水质（包括一类、二类）海域面积比例上升约9.7个百分点，水土流失面积减少27.49万平方千米。可以看出，新时代十年间，在保持经济发展良好势头以及治理出现边际化效应的前提下，我国生态环境治理在各方面仍然取得了长足进步，这表明中国特色生态治理模式具有显著的治理效能，有科学的生态治理模式进行引导和支撑，将有利于生态治理实践的拓展与深入。同时，在中国特色生态治理模式的进一步推进和落实过程中，会出现政策执行偏差、城乡治理不平衡、全球外部压力等挑战，加强对这一模式的研究有利于应对和战胜诸多挑战。

三、中国特色生态治理模式之学术起点

对较为宏大的问题进行研究无疑是困难的，必须以已有的相关性研究作为坚实基础。通过中国知网搜索可知，以“生态治理模式”为关键名词的核心论文相对较少，且大多数是圈定特定研究对象的环境科学类文章，如河道生态治理模式、石漠化生态治理模式、青海湖流域生态治理模式等。以“生态治理”为关键名词的核心论文明显增多，但是表现“中国特色”的实属少数。考究其中原因，大致是因为相较于“生态治理”，学术界尤其是马克思主义理论学科更多使用“生态文明”或者“生态文明建设”的概念，至于本研究使用“生态治理”的综合考虑将在第一章基本概念阐释中加以论述。仔细分析中国特色生态治理模式，可以发现，生态治理所要面对的就是生态环境问题，或者深层的生态危机，所要实现的便是人与自然关系由对立冲突走向和谐共生，而在生态治理前面冠之以中国特色，就自然联想到，在中国特色生态治理模式之外，西方资本主义国家，尤其是以美国为代表的发达资本

① 数据根据生态环境部中国生态环境统计公报整理计算得出，鉴于前后统计标准并非完全一致，全国地级以上城市二氧化硫、二氧化氮、可吸入颗粒物年平均浓度2021年选取主要分布区间中位数与2022年做对比。

主义国家是如何应对生态环境问题的，他们的生态治理呈现出怎样的特点和规律。在某种程度上，中国特色生态治理模式可以理解为生态治理的中国模式，因此，不妨将研究对象细化为生态环境问题产生的根源、中国特色生态治理或生态文明建设、资本主义生态治理以及模式或中国模式等问题，梳理总结前人的研究成果，并以此作为本研究的基础。

（一）国内研究现状

第一，关于生态环境问题根源的研究。研究生态治理无可回避地需要面对一个问题，即生态环境问题是如何产生的，其根源在哪里？目前，将生态环境问题的产生从根本上归咎于资本逻辑或是资本主义制度是比较主流的认知。陈学明认为，资本天生地具有“效用原则”和“增殖原则”，前者导致资本工具般地看待和理解自然界，后者决定资本对自然的利用和破坏是无止境的。生态环境问题说到底是社会制度的问题，即奉行资本逻辑的资本主义制度。①欧阳志远指出，许多西方研究者将“人类中心主义”认定为生态环境问题的根源，这是一种避重就轻、脱离本质的认识，生态马克思主义和生态社会主义则直指本质，认为资本主义制度是造成全球生态危机的根本原因，并且危机无法由其自身纾解。②周光迅、王敬雅认为，只有从制度层面才能得出令人信服的答案，以生产资料私有制和雇佣关系为基础的资本主义制度，不仅是人与自然、人与人之间矛盾的根源，更是全球性生态危机的根源。生态灾难伴随着全球市场的逐步形成而扩张到世界各地。③张云飞指出生态危机是资本主义整体的、内生的危机，并且从生态马克思主义、历史地理唯物主义、有机马克思主义三个理论视角阐释了资本主义的反生态本性。④王雨辰认为，后发国家生态危机的实质是全球生态资源占有、分配和利用的不平等所造成的。⑤这其实也就从侧面论证了资本主义制度在根本上造成了全球生态环境问题，因为全球生态资源的主导权牢牢攥在发达资本主义国家手中。但是，也有学者对生态环境问题的产生提出了不同意见和看

---

① 陈学明．资本逻辑与生态危机[J]．中国社会科学，2012（11）：4—23．

② 欧阳志远，吕楠．热话题与冷思考——关于生态文明与社会主义的对话[J]．当代世界与社会主义，2013（2）：4—13．

③ 周光迅，王敬雅．资本主义制度才是生态危机的真正根源[J]．马克思主义研究，2015（8）：135—143．

④ 张云飞．资本主义生态危机的批判视界[J]．社会科学辑刊，2018（2）：49—56．

⑤ 王雨辰．论后发国家生态危机的实质与生态文明理论应有的价值立场[J]．玉林师范学院学报，2019（1）：2—7．

法，认为“资本主义制度是生态危机的根源”这一论断在某些问题和环节上缺乏足够的解释力。顾钰民指出，生态环境问题具有全球普遍性，由现代生产力对自然的索取和破坏所致，与资本逻辑和社会制度没有必然联系，用资本逻辑和社会制度不同不能解释当代资本主义和社会主义的现实发展。[①]任瑞敏以现代性为线索，认为人性中“欲望”的释放和张扬，追求财富的欲望是造成生态危机的根源。[②]

第二，关于资本主义生态治理的研究。面对日益严峻并随时威胁人类自身发展的生态环境问题，发达资本主义国家率先予以回应和应对，其主要措施在论文第五章有所呈现，这里主要梳理关于资本主义生态治理本质认识的文献。胡连生指出，西方资本主义的生态文明带有其制度的“原罪”，因为它是以牺牲发展中国家利益为代价的，通过掠夺他人资源换取经济发展，通过倾倒废弃物换取优美的自然环境，通过推行生态殖民主义换取富裕和愉悦。[③]郇庆治认为，欧美资本主义国家在应对生态挑战的现实努力及其成效是不容忽视的，主要体现在实践、理论、意识形态等三个层面，但这些努力的政策又不可避免地具有局限性。[④]蔡华杰认为资本主义生态文明是一个理论上难以自洽的概念，这是因为，资本主义较高程度的生态文明并不是由资本主义制度引发的，而是对资本主义的反生态性进行限制（立法、行政监管、环保意识觉醒和行动）和转移（生态殖民主义、生态帝国主义等）得来的，对发达资本主义国家的环境改善必须要有清醒的认识。[⑤]张劲松认为，欧美发达国家生态治理的成功与全球化贸易体系以及环境污染的空间转移有关，其治理路径不具备生态性，不可复制且不可取，事实上是一种“局部有效，整体失效”的假象。[⑥]李包庚、耿可欣指出，发达国家在资本逻辑驱使下，把发展中国家当作“垃圾回收站”，将“夕阳产业”转移到发展中国家，看似推动了发展中国家的工业化进程，但在实质上却对发展中国家的生

① 顾钰民．生态危机根源与治理的马克思主义观[J]．毛泽东邓小平理论研究，2015（1）：47—51．

② 任瑞敏．生态危机根源：“欲望”唯物化的三个向度[J]．学术交流，2015（5）：132—137．

③ 胡连生．论西方资本主义的生态文明与发展中国家环境恶化的关系[J]．当代世界与社会主义，2010（3）：109—113．

④ 郇庆治．“包容互鉴”：全球视野下的“社会主义生态文明”[J]．当代世界与社会主义，2013（2）：14—22．

⑤ 蔡华杰．社会主义生态文明的“社会主义”意涵[J]．教学与研究，2014（1）：95—101．

⑥ 张劲松．全球化体系下全球生态治理的非生态性[J]．江汉论坛，2016（2）：39—45．

态环境造成了不可扭转的破坏。[①]

第三，关于中国特色生态治理或生态文明建设的研究。郇庆治强调理解“社会主义生态文明”必须立足于中国的现实情况，如庞大的人口、脆弱的生态禀赋以及现代化建设任务等，并且将中国成功建设社会主义生态文明的要素归结为三点，即经济实力、地理人口规模和中国共产党的政治领导。张剑指出，中国的社会主义生态文明建设与世界其他国家和地区的生态社会主义运动存在根本差异：首先，中国的生态文明建设以社会主义制度为基础，强调建构性，是对既往生产或经济发展中所产生问题的优化与纠正，这和批判、反抗资本主义的生态社会主义运动截然不同。其次，中国的生态文明建设以中国共产党为坚强领导，以马克思主义基本原理为思想指导，循序渐进且富有成效。最后，中国的生态文明建设注重实践，而生态社会主义尽管设想十分丰富美好，但是往往力所不逮，实践效果苍白无力。[②]这几点其实也体现了中国特色生态治理的特点和优势，也是我们坚定“四个自信”在生态文明建设方面的基础和底气。秦书生、晋晓晓认为，生态文明的根本要求和社会主义的本质特征具有一致性，社会主义公有制、中国共产党执政为民的理念以及社会主义改革共同构成了生态文明建设的有利基础，并且社会主义生态文明建设是一个由低级向高级发展的长期过程，这既是由生态文明建设自身的复杂性，也是由当前处于社会主义初级阶段的历史事实决定的。[③]解振华认为，当前我国面临世所罕见的生态治理任务，传统的环境体制机制已经无法应对，必须构建运转良好的中国特色社会主义的生态文明治理体系，包括共担责任、共同参与的治理主体，基于法治的多元治理手段，基于协商民主的多方互动治理机制及整体保护生态系统及其服务功能的治理功能等四个方面。[④]穆艳杰、韩哲总结概括了中国共产党百年生态治理的演进历程，认为主要经历了以农村为主的土改型、中央控制型、政府—市场二元型、多元主体协作型等治理模式。[⑤]张利民、刘希刚认为，中国生态治理模式彰显

---

① 李包庚，耿可欣．人类命运共同体视域下的全球生态治理[J]．治理研究，2023（1）．

② 张剑．从生态文明建设的比较中坚定文化自信[J]．红旗文稿，2018（4）：26—27．

③ 秦书生，晋晓晓．社会主义生态文明提出的必然性及其本质与特征[J]．思想政治教育研究，2016（2）：27—32．

④ 解振华．构建中国特色社会主义的生态文明治理体系[J]．中国机构改革与管理，2017（10）：10—14．

⑤ 穆艳杰，韩哲．中国共产党生态治理模式的演进与启示[J]．江西社会科学，2021（7）：116—127．

着中国特色社会主义制度优势，具体表现为以全面深化改革为路径、以制度体系建设为根本、全国上下一盘棋、宏观中观微观一体化等等。[①]张云飞认为，实现中国特色生态治理体制现代化，要坚持公域与公益相统一的治理领域、一元与多体相统一的治理主体、条条与块块相统一的机构设置、德治与法治相统一的治理方式。[②]陈翠芳、周贝认为，我国生态治理现代化是在党领导和政府主导下的多元主体协同共治，具有坚持社会主义方向以提供制度保障、坚持人民利益至上以凝聚多元力量、实施新型举国体制以提高协同程度的显著优势。[③]

第四，关于中国模式的研究。随着对中国模式研究的深入，这一概念被广泛使用，学术界从教育、法治、社会保障、乡村振兴、行政体制改革等各个维度对中国模式展开论述，形成了庞大而丰富的关于中国模式研究的成果体系，紧扣论文主题，这里主要梳理整体意义上或者生态治理角度的中国模式研究。其一，关于中国模式的争论。关于中国模式的研究自从兴起便争论不断，反对者认为不存在中国模式，或者认为慎提中国模式。吴敬琏质疑将“北京共识”提升到“中国模式”，认为以强有力的政府控制整个社会经济体系为特征的“中国模式”将成为世界效仿的榜样，这是一种误解。[④]丁志刚、刘瑞兰反对将发展模式简单理解为发展经验，世界上也没有某种固定的模式，因此，“中国模式说”有待商榷，同时这一说法容易掩盖中国发展过程中的问题，引发负面的国际效应。[⑤]支持者的著名代表是张维为，他也是最早关注并研究中国模式的学者之一。他认为，在面对众多问题，其中不乏相当严重问题的时候，中国总体上是成功的，其中的根本原因就在于中国模式。中国模式具有实事求是、民生为大、稳定优先、渐进改革、顺序差异、混合经济、对外开放以及中性、开朗、强势的政府等八个方面的特点。[⑥]其二，关于中国模式的内涵。陈曙光认为，“中国模式”是一个事实，应当从经济、政治、文化、社会、生态等多重维度去理解，简言之，“中国模式”

---

① 张利民，刘希刚．中国生态治理现代化的世界性场域、全局性意义与整体性行动[J]．科学社会主义，2020（3）：103—109．

② 张云飞．试论中国特色生态治理体制现代化的方向[J]．山东社会科学，2016（6）：5—11．

③ 陈翠芳，周贝．我国生态治理现代化：优势·矛盾·对策[J]．吉首大学学报（社会科学版），2023（2）：59—69．

④ 吴敬琏．中国模式祸福未定[J]．社会观察，2010（12）：95—96．

⑤ 丁志刚，刘瑞兰．“中国模式说”值得商榷[J]．学术界，2010（4）：22—33．

⑥ 张维为．一个奇迹的剖析：中国模式及其意义[J]．红旗文稿，2011（6）：4—7．

就是中国特色社会主义道路。[①]徐崇温认为，所谓“中国模式”，是中国人民在自己的奋斗实践中创造的中国特色社会主义道路。中国模式侧重横向叙述中国的行为方式，中国道路侧重纵向综述中国的发展历程，二者是同一件事的两个侧面。[②]何玉长指出，中国模式的本质就是中国社会发展道路，中国模式在于坚持社会主义发展方向，在于坚持社会主义市场经济改革之路，在于坚持共同富裕目标，在于坚持社会主义民主法治。[③]曹景文认为，所谓“中国模式”就是中国特色社会主义建设的经验概括，较之于其他发展模式，它具有维护人民群众的根本利益、循序渐进地进行改革开放、注重借鉴其他模式的经验教训以及高度重视社会稳定的特点。[④]其三，关于生态治理的中国模式研究。夏光认为，环境保护的“中国模式”属于环境保护的顶层设计，由三个要素构成：明确的环境保护主题、清晰的环境保护主线和整体优化战略构成，即“主题+主线+整体优化战略=环保新道路（中国模式）。”[⑤]

（二）国外研究现状

第一，关于生态危机及其与资本主义内在关系的研究。生态环境问题的系统研究开始于西方社会，形成了诸如生态马克思主义、大地伦理学等具有代表性的思想理论，这些理论和学说对中国的学术界产生了较大的影响。生态马克思主义极具感染力和号召力，在西方理论界和学术界收获大量拥趸，该学派力图将马克思主义基本原理与生态环境问题相结合，从生态环境问题入手对资本主义生产方式以及整个资本主义制度展开批判。威廉·莱易斯（William Leiss）和本·阿格尔（Ben Agger）认为，随着资本主义的深入发展，通过调整和纠偏，当代资本主义不但没有出现因生产领域的经济危机而导致的急速衰败迹象，反而有向全球发展的趋势，因而必须在经典马克思主义的批判基础上对资本主义新的危机进行批判，即生态危机。詹姆斯·奥康纳（James O’Connor）继承前人生态危机和异化消费的观点，在《自然的理由》中重点论述了资本主义的双重危机，即经济危机和生态危机，而资本的积累以及在全世界的扩张所导致的发展不平衡是双重危机的重要根源。

---

① 陈曙光．多元话语中的“中国模式”论争[J]．马克思主义研究，2014（4）：148—158．

② 徐崇温．中国道路和中国模式[J]．毛泽东邓小平理论研究，2016（1）：81—84．

③ 何玉长，潘超．试论中国模式对科学社会主义的振兴[J]．毛泽东邓小平理论研究，2019（2）：46—53．

④ 曹景文．海外视阈下的中国模式及其世界影响[J]．南京政治学院学报，2017（1）：17—22．

⑤ 夏光．构筑环境保护的“中国模式”[J]．环境保护，2012（1）：26—29．

乔尔·克沃尔（Joel Kovel）批判交换价值至上的逻辑，主张以使用价值替代交换价值，并且在深入解读马克思关于未来社会构想基础上对生态社会主义进行革命性的丰富和发展。保罗·伯克特（Paul Burkett）和约翰·贝拉米·福斯特（John Bellamy Foster）共同建构了马克思的生态学思想，伯克特从劳动价值论中挖掘出马克思的生态思想，而福斯特则在研究马克思“新陈代谢”观点基础上提出了“马克思的生态学”概念。总的来说，生态马克思主义将当代社会的生态危机归咎于资本主义生产方式和资本主义制度的非生态性，而化解生态危机的唯一办法就是对资本主义制度进行根本性变革，进而向生态社会主义过渡和演变。

以大卫·哈维（David Harvey）为代表的历史地理唯物主义将生态危机直接看作资本主义的社会危机。在他看来，“所有围绕生态稀缺、自然极限、人口过剩和可持续性的争论，都是关于保存一种特殊社会秩序的争论，而不是关于保护自然本身的争论。”①所谓“社会秩序的争论”，而不是“自然本身的争论”，实际上将人类发展在特殊时期的生态稀缺泛化为更为寻常的生存场景，将生态环境问题由自然领域延展至资本主义的社会领域。有机马克思主义认为，资本主义是一种全面破坏性的经济体系，引发了严重的社会灾难以及更为严重的生态灾难，从生产前提、生产目的以及从经济体制来看，资本主义和生态危机之间存在根本联系，并且资本主义自身无法克服生态危机。但是有机马克思主义并没有将资本逻辑批判贯彻到底，尽管他们承认和批判资本主义和生态危机之间的本质联系，但是他们认为，现代性才是生态危机的深层缘由，而非资本逻辑或是资本主义制度。现代性比资本或资本主义更具破坏力，资本主义和社会主义都只是现代性的不同形态表现和外部容器，都在现代性的作用下相继爆发生态环境问题。除此之外，美国著名历史学家林恩·怀特（Lynn White）试图从宗教文化中探寻生态危机的根源，基督教文化中蕴含着人类对自然支配和控制的合理性，这给科学技术打上了西方传统的深刻烙印，导致人类对待自然的非自然方式，进而引发了生态危机。②德国学者乌尔里希·布兰德（Ulrich Brand）和马尔库斯·威森（Markus Wissen）在“生态帝国主义”概念之上提出“帝国式生活方式”

---

① 戴维·哈维．正义、自然和差异地理学[M]．胡大平译．上海：上海人民出版社，2010：168．

② 林恩·怀特，刘清江．我们生态危机的历史根源[J]．比较政治学研究，2016（1）：115—127．

（Imperial Model of Living），认为资本主义中心地区十分依赖全球整体生态系统以及国际化的分工劳动，通过占有世界上其他国家或地区的自然资源和劳动力资源实现对本地区生产生活的供养，这实际上进一步解释了“生态帝国主义”如何巧妙掩盖其罪恶本质进而在国家制度的帮助下实现日常化。①

第二，关于中国生态文明建设的研究。国外学者对中国生态治理或生态文明建设的研究虽然不够全面，但是在某些问题上已经有较为深入的研究。加拿大汉学家詹姆斯·米勒（James Miller）将道家哲学与现代社会政治问题相联系，尤其是平等以及人类需求与自然的平衡问题，以此对新自由主义展开批判。他坚定地认为，传统道家哲学比现代社会更“实用”，主要原因有三点：它与渐进发展的、生态的科学更加契合，内在精神更加具有创造性，伦理框架更加适合“繁荣的世界”。②巴黎政治学院教授理查德·巴尔姆（Richard Balme）（中文名：鲍铭言）指出，中国自改革开放以来，快速的经济增长对环境和生态系统造成了前所未有的变化。过去十年中，立法、集体行动、公共参与和环保诉讼已经形成合力，促使环境政策的制定发生了一些重大改进，尽管还未扭转中国整体的环境状况，但是对更加开放和公平的政策制定大有裨益，从而激发了对环境正义的需求和期望。③澳大利亚学者阿伦·盖尔（Arran Gare）指出，生态文明概念已经成为中国应对和解决环境问题的核心，并且已融入政党执政理念和国家法律意志之中，有可能成为社会主义挑战并取代资本主义重要帮助。④英国萨塞克斯大学山姆·吉尔（Sam Geall）和阿德里安·伊利（Adrian Ely）指出，中国的生态文明建设是与技术创新密切相关的，有利于新的全球生态治理体系的建立，而中国也有可能在全球环境辩论中充当更加强大的领导角色。⑤

第三，关于中国模式的研究。一方面，国外学者对中国模式的研究首

① 乌尔里希·布兰德，马尔库斯·威森．资本主义自然的限度：帝国式生活方式的理论阐释及其超越[M]．郇庆治，等译，北京：中国环境出版集团，2019：14．

② Hal Swindall. China's Green Religion: Daoism and the Quest for a Sustainable Future by James Miller (review)[J]. China Review International, 2016,32(1): 84−88.

③ Richard Balme, Tang Renwub. Environmental governance in the People’s Republic of China: the political economy of growth, collective action and policy developments–introductory perspectives [J]. Asia Pacific Journal of Public Administration, 2014,36(3): 167−172.

④ 阿伦·盖尔，曲一歌．生态文明的生态社会主义根源[J]．国外社会科学前沿，2021（1）：29—41．

⑤ 山姆·吉尔，阿德里安·伊利，刘利欢．当代中国“生态文明”的阐述与建设路径[J]．国外社会科学，2019（2）：153—155．

先同样存在“中国模式存在与否”的争论。德国杜伊斯堡–埃森大学东亚研究所所长托马斯·海贝勒（Thomas Heberer）是研究中问题的专家，他认为，中国正处于从计划经济向市场经济的转型期，因此所谓的“中国模式”并不存在。[①]美国汉学权威阿里夫·德里克（Arif Dirlik）认为中国存在“令人震惊”的问题，谈论中国模式为时过早。必须指出的是，这些学者的观点产生于21世纪初，是基于中国特定时期的发展现实总结得出的，具有一定的历史合理性。大多数学者承认中国模式的客观存在，如郑永年、弗朗西斯·福山、贝淡宁、巴里·诺顿等，充分反映在他们对中国模式的论述和阐释中。另一方面，国外学者最初是从经济发展的角度对中国模式进行研究和阐述的，然后慢慢延展至政治、社会等其他领域，这也符合中国的历史发展过程。加州大学圣地亚哥分校巴里·诺顿（Barry Naughton）教授反对将中国模式归纳为私有化，认为私有制和公有制经济都扮演着相应的角色，国家与市场的交织是中国最鲜明的发展特征。[②]随着中国的不断发展和强大，国外学者对中国模式的研究越来越深入，涉及政治体制、社会组织等诸多方面，展现出一个更加全面、更加细节的中国模式。著名学者郑永年教授指出，许多学者，尤其是西方学者将中国模式概念化为纯粹的经济成功问题。实际上，理解中国的政治模式是理解中国经济模式的前提和基础，因为推动中国经济模式成功的是政治模式。毫无疑问，这才是亟待建立稳定政治和社会结构的欠发达国家所要学习的宝贵经验。[③]新加坡国立大学陈抗教授认为，至少存在两种中国模式，两种模式下，中国地方政府中企业家扮演着截然不同的独特角色。[④]加拿大知名政治哲学家贝淡宁（Daniel Bell）认为，西方惯用简单的标准来评判政治制度，民主即为好，专制政权即为坏，但是显然，这并不适用于理解中国的政治模式，这是因为中国呈现“基层民主+高层贤能”的复合政治形态。他还提到，传播中国模式的最好办法是在国内树立起一个足以激励其他国家的良好模型。[⑤]美国米德尔伯里学院杰西卡·蒂

---

① 托马斯·海贝勒．关于中国模式若干问题的研究[J]．当代世界与社会主义，2005（5）：9—11．

② Barry Naughton, China's Distinctive System: Can it be a model for others? [J]. Journal of Contemporary China, 2010,19(65): 437−460.

③ Cheng Yung-nien, The Chinese model of development: An international perspective [J]. Social Sciences in China, 2020,31(2): 44−59.

④ Kang Chen, Two China Models and Local Government Entrepreneurship [J]. China: An International Journal, 2016,14(3): 16−28.

⑤ 贝淡宁．中国政治模式：贤能还是民主[J]．中央社会主义学院学报，2018（4）：46—51．

茨（Jessica Teets）通过实地调研，考察了国家与公民社会组织之间关系的中国模式，称其为“协商权威主义”（Consultative Authoritarianism），这一模式具有非凡的意义，不仅使中国政府“更加负责、更加透明并最终得到更好的治理”，同时也大大改善了中国公民的福利。①

（三）研究现状的评析

总体来看，国内外学者虽然很少直接研究和阐释中国特色生态治理模式，但是从中国生态文明建设、生态环境问题与资本主义、中国模式等角度来进行大量研究，形成了较为丰富的研究成果，成为本书研究的重要前提和基础。在此，尝试从中国模式和生态文明建设两个角度对已有文献进行总结和评价。

一方面，对生态治理或者生态文明建设研究的评析。已有文献立足于马克思主义基本原理，抓住资本无限增殖扩张的本质逻辑充分揭露了资本逻辑或者说是资本主义制度与生俱来的反生态性，是引发生态环境问题的本质肇因。可以发现，众多研究探讨生态环境问题根源限定在资本主义的时空条件下，而忽视了一个重要问题，即当我们脱离资本主义语境，将资本逻辑批判置于社会主义市场经济的实践情景下，问题似乎就变得更加复杂和矛盾。因为我们进行社会主义市场经济建设要利用资本、发展资本，甚至我们要利用资本发展带来的经济增长来支撑中国特色生态治理，但同时资本无限增殖的内在生存价值不会改变，在发展中会无可避免地引发特定生态环境问题。这似乎是难以自洽的，这也正是本研究进一步剖析资本逻辑与生态环境问题所要解释的问题之一。在中国特色生态治理的问题上，已有文献从内涵、措施、价值等多个维度进行了系统阐释，形成了丰富而深刻的研究成果，但也存在需要进一步完善的地方，一是对中国特色生态治理的阐释有时与习近平生态文明思想相混淆，虽然在内涵上有互通之处，且习近平生态文明思想及其指导下的生态实践是中国特色生态治理的集中体现，但二者明显是包含与被包含的关系，在论述过程中应当加以区别。二是对中国特色生态治理或生态文明建设的阐述往往是有针对性的、碎片化的，需要从基本结构、独特优势、现实价值、潜在挑战、优化路径等多个维度对中国特色生态治理模式进行系统化的阐释和剖析。

---

① Wright Teresa. Civil Society under Authoritarianism: The China Model, by Jessica C. Teets [J]. The China Journal, 2017(77): 177–179.

另一方面，对国内外关于中国模式研究的评析。从现有资料来看，对中国模式的研究已经取得丰富的成果，对中国模式的本质、内涵、特点以及借鉴价值等都有精彩的论证，可以说形成了比较深入的关于中国模式的理论阐述。从整体上分析可以看出，对中国模式的研究呈现两个转变：

一是从争议中国模式存在与否向普遍承认中国模式客观存在转变。从时间跨度上来看，中国模式研究大概兴起于世纪之交，在2010年前后达到研究的顶峰，这也成为研究者对待中国模式态度的分水岭。国外学者否认或者质疑中国模式的原因无非两点，要么是出于立场和利益的不同，例如美国白宫前官员斯蒂芬·哈尔波认为中国模式本质上就是私有化；要么客观察觉到中国发展过程中存在的问题，认为中国尚处于快速发展之中，还未形成稳定的模式，但是随着北京奥运会成功举办、2010年中国超越日本成为世界第二大经济体，党的十八大开启中国特色社会主义新时代，中国综合国力展现无遗，强大实力背后的中国经验、中国道路自然也不言自明。国内也有学者否认或者认为要慎提中国模式，认为中国发展尚未成熟之外，避免造成意识形态输出的误解。为此，国内学术界在一段时间内保持相当谨慎的态度。时至今日，我们要做的不应当是对中国模式讳莫如深，而是要继续总结归纳中国发展的经验和智慧用以更好地指导发展，同时加强中国模式的研究和阐释，增强中国模式的中国话语，以实际行动和既定事实去回应和驳斥质疑。中国特色生态治理模式是中国模式的重要组成或应有之义，对中国特色生态治理模式的研究对更加深刻地理解和把握中国模式具有重要意义。

二是由整体性研究向特定领域研究转变。早期的中国模式研究侧重从宏观角度和整体意义上去阐释中国模式，从中国发展最一般的规律和做法中去抽象出中国模式的特点、内涵等。随着时间的推移，研究逐渐向特定领域倾斜，注重用中国模式去分析特定领域的发展，如高等教育的中国模式、职业教育的中国模式、司法改革的中国模式、乡村振兴的中国模式等等，这既是理论研究从一般到特殊的规律性趋势，也是中国社会快速发展的必然结果，中国整体实力的提升带动各个领域的发展也愈发呈现中国特点和中国风格。但是从梳理结果可以看出，针对生态治理或者生态文明建设领域的模式研究还相对较少，这也是本研究所要拓展和深入的方向。

四、中国特色生态治理模式之研究设计

一般而言，研究设计包含思路、内容和方法等方面。研究内容是对全文

的浓缩，将研究的各个主要部分进行概括性、精确性的阐释。研究思路是串联各个部分并决定研究结构布局的重要依据，研究方法则是开启科学研究的钥匙，是进行文献爬梳和理论分析的必要前提。准确的研究内容、清晰的研究思路、科学的研究方法直接影响了研究结果的产出，是得出有效结论的重要保障。

（一）研究思路

本书以“中国特色生态治理模式研究”为题，总体上依照概念阐释、纵向系统剖析、横向辩证对比三部分相结合的思路展开。首先，概念阐释主要针对研究题目中的“中国特色”“生态治理”“模式”等相关关键词进行分析界定，因为这些概念本身具有丰富的内涵，且不同学者从不同角度还可能存在相关争议，因此紧扣本研究主题对相关概念进行界定非常有必要。同时，要对中国特色生态治理模式的理论源流和生成过程进行论述，这一模式的形成和产生绝不是孤立的、凭空的、瞬时的，它一定是在坚实的理论基础之上，经过长时间的发展完善而形成的，理论源流和生成过程的阐述可以对其进行整体性勾勒。其次，从理念、结构、优势、价值以及典型案例五个维度对中国特色生态治理模式进行系统阐释。模式的基本理念是方向和方法上指导，模式理念是由价值、规律、情景三个要素组合而成的综合体。模式的基本结构是模式的主体内容，是由主体、客体、目标、制度、机制等构成的系统体系。模式的优势和价值是模式的意义内核，中国特色生态治理模式立足中国特色社会主义道路、理论和制度，显现出独特的理念优势、制度优势和文化优势，对理论发展和实践探索、本国生态治理和全球生态治理都产生了重要的积极作用。再次，生态治理有中国特色的模式，也必然存在其他模式，横向辩证对比将发达资本主义国家生态治理与中国特色生态治理进行总体性、辩证性比较，在汲取发达资本主义国家生态治理经验的同时突出中国特色生态治理模式的本质特征和独特优势。最后，在新的历史时期，进一步推进落实中国特色生态治理模式会面临政策执行偏差、城乡发展不平衡以及全球生态治理外部压力等潜在挑战，需要从制度成熟定型、强化生态意识、繁荣生态文化、推动多边治理等方面对中国特色生态治理模式予以优化。

（二）研究内容

依照上述研究思路，本书的研究内容主要包括五个方面：

第一，中国特色生态治理模式的基本概述。这是本研究的必要前提和理论基础，一方面，中国特色生态治理模式以马克思主义生态思想为理论指导，继承和阐扬中国传统文化中的生态智慧，同时吸收借鉴了西方生态文明思想的有益成分。马克思恩格斯虽然没有直接论述过生态治理问题，但是对人与自然本质关系、资本主义生产造成人与自然异化的深刻论述至今仍然闪耀着真理的光芒。他们认为，人是自然的组成部分，人依赖于自然，人—自然—社会以实践为中介构成了有机统一体，异化劳动导致了人与自然的对立冲突，要真正解决自然问题并实现“两个和解”，共产主义是唯一出路。在中国传统文化中，以儒释道为主的思想流派，包括法家、墨家等都包含着丰富的生态智慧，通过长久的积淀逐渐内化为独特的民族气质，同时也成为当前生态治理重要思想源泉和智慧宝库。此外，起步较早、内容丰富的西方生态文明理论也是值得借鉴参考的重要内容。另一方面，通过对不同时期生态治理的归纳和总结，可以大致将中国特色生态治理模式分为孕育萌芽阶段（1949—1978）、初步发展阶段（1978—1992）、快速发展阶段（1992—2012）、基本形成阶段（2012至今）四个阶段，以习近平生态文明思想的确立为标志，目前这一模式已经基本形成，正在向更加成熟的阶段迈进。

第二，中国特色生态治理模式的基本理念阐析。模式的形成和发展立足于特定的社会时空条件，不同历史时期，不同的现实场域，即使是面对同样的问题，也会形成截然不同的实践模式，中国特色生态治理模式的现实情境既包括生态环境问题的时空压缩特性、经济新常态下高质量发展所带来压力性条件，也包括顶层设计不断突出生态文明战略位置的促进性条件。模式构建主张价值预设，而非价值中立，也就是说，模式在生成过程中必须带有鲜明的价值取向，可以是人民、社会、国家等不同层面的，集中体现为生态效益与经济效益相统一、市场主体与政府主体相协调、环境代内公正与代际公平相兼顾。同时，模式生成是一个社会性活动，它必须遵循人类社会发展基本规律、人与自然关系演进规律等重要规律。总之，模式生成是需要理念引导和指挥的，价值取向、规律遵循、现实情境三者有机融合构成了中国特色生态治理模式的基本理念。

第三，中国特色生态治理模式的基本结构。模式可以看作是由多个元素构成的系统整体，它既表现为理论问题，同时也带有实践性特点。本研究从主体、客体、目标、制度、机制等五个方面构建中国特色生态治理模式，其中，治理主体是中国共产党领导下的多元化的治理合力，治理客体是以社会关系为本质指向的生态环境问题，治理目标表现为“人民—社会—国家”三位一体的有机整体，治理制度涉及源头严防、过程严管、后果严惩三个联通贯穿的过程，治理机制包含德法协同、区域联动、试点推广、技术创新、竞合博弈等多个相互协调的机制。

第四，中国特色生态治理的典型案例与生态治理的国际考察。退耕还林还草工程是中国特色生态治理模式典型案例，自1999年试点实施以来，取得了非常突出的治理效果。生态环境问题伴随着工业革命的到来而率先集中暴发在发达资本主义国家，这也决定了发达资本主义国家的生态治理势必走在中国前面，也早于中国形成了较为稳定的治理模式。发达资本主义国家常用的生态治理手段包括立法、科技创新、产业升级、污染转移，其中包含了众多值得我们学习的经验。但同时，我们也要看到了发达资本主义国家生态治理存在的弊端与困境，如资本技术联姻下的治理悖论、政治利益导向下的政策断裂、本国利益优先下的责任赤字以及社会与政府的角色功能倒置。深入分析这些治理困境可以获得重要启发，包括“四重转变”，即由技术理性向生态理性转变，由资本逻辑向生态逻辑转变，由强社会弱政府向强社会强政府转变，由生态帝国主义向全球环境正义转变。

第五，中国特色生态治理模式的独特优势。中国特色生态治理模式之所以独具特色和优势，是因为它内嵌于建设中国特色社会主义的伟大事业中，自然也带有中国特色社会主义建设的特点和优势，具体而言，包括“人民至上”的根本理念优势和人与自然生命共同体的基本理念，以社会主义公有制为基础的经济制度优势、以中国共产党为领导的政治制度优势、以人民意志为依归的法律制度优势等制度性优势，以及生态智慧、生态精神、生态理论的文化优势。

第六，中国特色生态治理模式的现实价值和优化路径。作为中国应对生态环境问题的系统安排，中国特色生态治理模式最大的现实价值就在于实现了本国生态环境的持续好转，不断增强人民群众生态环境的获得感。不仅如此，中国特色生态治理模式具有世界性的意义和贡献，能够为广大发展中国家提供可资借鉴的样板，助益构建人与自然和谐共生的现代化新形态。但我们也要清楚地认识到，在进一步推进中国特色生态治理模式过程中需要克服政策执行偏差、城乡治理不平衡以及来自全球生态治理的外部压力等潜在挑战，需要从制度成熟定型、强化生态意识、繁荣生态文化、推动多边治理等方面进行模式优化。

（三）研究方法

本书在历史唯物主义的方法论指导下，主要采取以下研究方法：

第一，历史唯物主义的方法论。本书所使用的方法以历史唯物主义的方法论为指导，生态治理属于上层建筑的范畴，只有找到现象或区别背后的经济基础差异，才能更准确地理解生态治理的表面现象；只有立足于人与人的社会关系，才能正确把握人与自然的关系；只有回归到以人民为中心的唯物史观立场，才能得出符合人民根本利益的、顺应历史发展趋势的生态治理模式。

第二，结构分析法。模式本身就是由多方面要素组成的复杂系统结构，所以进行模式研究就一定要进行结构分析，研究模式的指导理念和思维变量，研究模式主体的内部结构，研究模式的内在价值呈现。当然，模式是一个开放的、发展的体系，内部要素、结构和系统的关系也处于动态变化中，只能在结构分析基础上构建相对完备的有机系统。

第三，比较研究法。主要是将发达资本主义的生态治理和中国特色的生态治理进行辩证比较，在比较中发现差异点和共同点。发达资本主义和中国特色生态治理虽然在方法上有着形式的相似，例如使用立法、制度建设、培育环保意识、提高资源能源利用率以及产业升级等，但是二者背后的治理逻辑和所依托的制度基础却存在较大的本质差异。

第四，历史分析与逻辑分析相统一的方法。生态环境问题的形成是一个历史过程，不能以现有的表面现象作比较和判断的依据，引入历史分析方法，就是要从生态环境问题的起因、生态治理的历史过程、生态治理的现实效果这样一个贯穿的过程来揭示生态现象背后的治理逻辑和历史进程。同样，生态治理也是一个客观的历史过程，在分析中国特色生态治理以及揭示发达资本主义生态治理本质的过程中，不仅要从时间序列上理顺，更要从逻辑上进行令人信服的逻辑推理和分析。

第五，系统思维与辩证思维相结合的方法。不管是中国特色还是发达资本主义，生态治理所涉及的因素是复杂的、多样的，具有系统性的特点，同时系统的各要素之间又具有矛盾性，同一要素在不同的系统里表现出来的性质和结果也有所不同，所以要把系统思维和辩证思维相结合用以研究相关问题。

第一章
中国特色生态治理模式的基本概述

对中国特色生态治理模式的理解须建立在关键概念阐释的基础之上，简单来说，中国特色生态治理模式是指在中国特色的时空条件下，中国共产党领导各方力量在处理经济和生态关系、应对现实生态环境问题、防范重大生态风险等一系列生态实践中所形成的具有中国风格、中国特色的系统体系。这一模式的生成具有丰富的理论资源，以马克思主义生态思想为指导，以传统生态智慧为内在文化基因，以西方生态理论中的有益成分为借鉴。中国特色生态治理模式的生成是一个历时较长的过程，从中华人民共和国成立以来开始，大致经历了孕育萌芽、初步发展、快速发展、基本形成四个阶段，并且仍在向更加成熟完善的阶段发展。

第一节　相关基本概念

概念本身具有丰富的含义，有狭义与广义之分，从不同的角度审视也会得出不同的理解。中国特色生态治理模式研究中包含着“模式”“生态治理”“中国特色”等核心概念，对以上概念的阐释和界定是进行深入研究的基本前提和必要基础。

（一）模式

“模式”一词现在已经成为社会各界广泛运用的基本概念，从学术研究领域，到经济领域，再到改革发展领域，“商业模式”“苏南模式”“农村改革模式”“苏联模式”等等，这些都是人们耳熟能详的名词。虽然不同领域对模式概念的使用都有自己特殊的指称，但是其背后包含着对这一概念的共性认知，否则不同领域的人无法就模式进行交流，尽管这种共识常常是没有明确申明的。概括来说，一个模式之所以能够形成和存在，必须具有四个基本条件，即稳定的内部结构、总体意义的成功、自身的独特之处、可资借鉴的经验，这也可以理解为模式的基本共性或者判断一个模式存在与否的主要依据：

其一，稳定的内部结构。稳定的内部结构是模式存在和运行的先决条件，通常由主体、客体、目标、制度、机制等多方面内容构成。主体是模式的创造者和执行者，客体是模式所针对的特定对象或要解决的问题，二者是模式结构中必不可少的对应范畴，模式实际上就形成于主体针对特定客体的理论构思和实践探索的系列过程中。因此，模式名称往往就直接体现了主体或者客体，如“苏联模式”“长汀模式”“苏南模式”“农村改革模式”“区域经济发展模式”等。目标代表模式的价值追求，通常是多维或多层的，既是模式发展的动力源泉，也是模式前进的方向指引。制度和机制是模式发挥作用、实现从实践模式到实践效果转化的具体抓手。

其二，总体意义的成功。成效性是模式存在的价值，不能产生正面效应的模式是没有意义的模式，目标实现的过程就是模式价值体现的过程。对于既定目标的无能为力，或者模式存在和运行的负面效应远远大于正面效应，那么可以说，这样的模式是不成立的。世界上不存在完美无缺的模式，但是只有保证基本正确，并且经过实践检验取得相应成绩，然后才能在总结提炼中逐渐形成特定模式。换言之，实现总体意义上的成功是模式存在和运行的必要前提条件。

其三，自身的独特之处。模式的形成着眼于特定的社会现实问题、立足于特定的社会历史条件，与特定国家或区域的历史文化、政治生态、经济发展等具有密切的内在联系，这就决定了模式必然具有独特性。正如邓小平曾指出：“世界上的问题不可能都用一个模式解决。中国有中国自己的模式，莫桑比克也应该有莫桑比克自己的模式。”[①]人类社会的现代化进程业已证明，“现代化道路并没有固定模式，适合自己的才是最好的，不能削足适履”[②]，因此，自主探索适应本国国情、符合本国利益、具有本国特色的现代化之路才是唯一出路。

其四，可资借鉴的经验。模式本身就具有标准形式、样式、模范等含义，因此，可以被借鉴参考或者学习推广是模式形成的另一重要条件。需要

---

① 邓小平文选：第三卷[M]. 北京：人民出版社，1993：261.

② 习近平. 加强政党合作 共谋人民幸福——在中国共产党与世界政党领导人峰会上的主旨讲话[N]. 人民日报，2021-07-07（02）.

指出的是，模式的借鉴性与独特性密不可分，独特性并不意味着借鉴性的丧失，但是模式的独特性给模式的借鉴推广提出了更高的要求，正如习近平总书记所说："一副药方不可能包治百病，一种模式也不可能解决所有国家的问题。生搬硬套或强加于人都会引起水土不服。"[①]在学习借鉴其他模式时，必须紧扣自身实际和需求，对其他模式的成功经验和有效做法进行科学认知和甄别，进而才能实现合理性吸收和创造性转化。

模式具有生命周期特征，任何模式都会大致经历萌生、成长、形成、衰退、消亡的历程，进而被新的模式所取代，具体如图1-1所示。有些模式在成长过程中由于重大决策失误或者重大外部因素的冲击，可能会直接进入消亡阶段。模式在形成阶段会经历"基本形成—成熟定型—正式形成"的细化过程。面对不可避免的衰退，模式主体会采取必要的调整，合理有效的调整措施将会成功激活模式以延续其生命周期，而失败的调整则会加速模式走向消亡。旧有模式的消亡意味着新模式的孕育和萌生，模式在周而复始的生命演变中迸发出推动社会发展的不竭动力，进而不断促进社会整体意义上的进步。

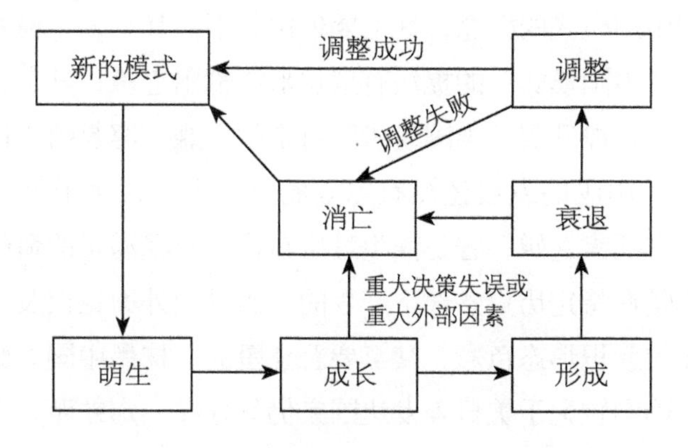

图1-1　模式生命周期演变结构图

模式是理论与实践的中介环节，这是模式范畴重要性的主要体现。模式实际上是实践模式的简称，因为当我们在讨论模式的时候，总是以一定的社会实践领域为指称对象。这也就构成了模式与实践、理论的天然关系，具体来说，模式在理论认识和实践结果中发挥了桥梁作用，它成为检验认识正确

① 习近平．同舟共济创造美好未来——在亚太经合组织工商领导人峰会上的主旨演讲[N]．人民日报，2018-11-18（02）．

性的必要环节，使得实践结果的失败不必然指向理论认识。[①]例如，苏联模式与中国模式同样是科学社会主义理论指导下的实践模式，但是实践结果却大相径庭，苏联从曾经庞大的社会主义国家最终分崩离析、走向解体，而中国则成功探索出中国特色社会主义道路，在实现自身发展的同时还为全球性问题的解决贡献着中国智慧和中国力量。由此可见，模式是检验理论认识正确性不可缺少的环节，能够防止失败的实践结果跨越模式直指理论认识，从而有效规避理论混乱或理论权威受损的风险。当然，反思问题须逐级往上质询，如若理论确实存在缺憾或偏颇，也要及时予以纠偏和完善。

说到模式，就不得不提"中国模式"。乔舒亚·库珀·雷默（Joshua Cooper Ramo）于2004年提出"北京共识"，这一概念一定程度上蕴含了对中国模式的抽象与概括，因而被许多学者认为是中国模式的最初呈现。事实上，邓小平早在20世纪80年代就已经在多个正式场合谈论"模式""中国的模式"等问题，所以较早提出和使用中国模式概念的是我们自己，但是值得肯定的是，雷默的研究引起了广泛共鸣，掀起了中国模式研究的热潮。在对中国模式的研究中，部分学者对是否存在中国模式存在质疑，或者认为应当慎用或者不用中国模式的概念，其主要理由如下：其一，"模式"有示范、模范的含义，"中国模式"的提法有意识形态输出之嫌；其二，"模式"样板、模型的含义，提升到"中国模式"有定型之嫌，容易给人造成固化定型的误导；其三，中国的发展还没有完全成熟，实力较之于美国还有差距，"中国模式"有托大之嫌，容易滋生过度自信、自我满足的情绪。这些学者的质疑或担心是在特定历史条件下产生的，当时国外舆论谈及"中国模式"往往带有明显的意识形态色彩，甚至要恶意歪曲、抹黑中国。此外，彼时中国的整体实力确实较之于美日等发达国家仍然存在一定差距，因此产生以上担忧也是可以理解的。但是时至今日，我们对此要有清醒而准确的认知：首先，"模式"不是"模具""模板"，不可混淆，更不可等同。"模"本身就有两个读音、两层意思，"模（mú）具""模（mú）板"指通过冲压、注塑等工艺使材料成型的工具，一经形成，其形状、功能就会被固定下来。而"模（mó）式"可以表示具有一定抽象性的概念，指向一个开放性系统，任何模式都是处于不断成长发展之中的，一旦定型，那么这个模式也就将面

---

① 王宏波，李天姿．社会工程的特点及其对治理实践的意义[J]．厦门大学学报（哲学社会科学版），2016（6）：147—156.

临衰退甚至是消亡。其次，“模式”确实含有示范或模范之意，正如前文所说，这是模式的基本共性，不取得相应成绩、没有值得借鉴的经验做法的案例也就不可能被上升为模式，重要的是，我们无意输出或强制推广“中国模式”，但也无法阻止向能者学习的人类天性。最后，意识形态的差异或斗争不是因为我们使用“中国模式”的概念而产生的，也不会因为我们弃用这一概念而消失，我们要做的是不断提升自身的综合实力，并且理直气壮地推动模式以及中国模式研究，在秉持和践行“求大同、存小异”的理念中构建人类命运共同体。

综上所述，模式可以理解为，以特定理念和目标为指引，从主体针对特定客体所进行的理论思考和实践探索中总结、提炼、建构起来的系统体系，具有结构性、稳定性、成效性、发展性、复制性等特点，发挥着连接理论与实践的重要作用。

（二）生态治理和生态文明

生态一词源于古希腊οικos，原指住所或栖身之地。简言之，生态就是指一切生物的生存状态，包括生物之间、生物与环境之间的相互关系。中国古代对“文明”早有记载，并且作出了丰富翔实的解读。《易经》有云“见龙在田，天下文明”，最早概括了古代农耕文化下人地和谐的美好景象。唐代孔颖达解释，经天纬地曰文，照临四方曰明。“天”“地”泛指自然万物，南北为“经”，东西为“纬”，比喻条理秩序，亦有规划治理之意，这里以互文手法表达了治理改造自然之意；“照临四方”释义如同光明照拂寰宇，驱逐愚昧黑暗，属于精神文明。从这里可以看出，古人已经开始从物质文明和精神文明相结合的角度去理解文明之深意。《说文解字》论述到：“文，错画也，象交也”，“明，照也”，亦有驱赶落后愚昧，照亮人的精神世界之意。明末清初戏曲文学家李渔在《闲情偶寄》中写道“辟草昧而致文明”，“文明”是相较于“草昧”而言的，指的是社会整体面貌的进步、开化的状态。在西方国家，“文明”源于古希腊“城邦”一词，拉丁语“civitas”含有“公民的”“有组织的”之意，是文明（civilization）的词源。英国历史学家阿诺尔德·J·汤因比把文化的发展过程称为“文明”，他认为文明的发展可以划分为起源、生长、衰落、解体和灭亡五个阶段，人类克服解决生存或发展难题的实践是文明生长的源泉，一个社会应对环境挑战的成功与否直接决定了这个社会文明的繁荣与衰亡。

作为“生态”与“文明”的组合词汇，生态文明概念最初由政治学家伊林·费切尔（Iring Fetscher）在《论人类生存的环境》一文中提出。[①]1986年，生态经济学家刘思华提出物质文明、精神文明、生态文明协调发展的崭新命题，成为国内首个提出和使用生态文明概念的人。翌年，著名生态农业学家叶谦吉首次对生态文明进行定义，他认为，所谓生态文明，就是人类既获利于自然，又还利于自然，在改造自然的同时又保护自然，人与自然之间保持着和谐统一的关系。[②]在此之后，国内学者大量使用和研究生态文明概念，国外学者反而只有零星使用。随着人们使用的普及和研究的深入，生态文明概念呈现狭义和广义两层含义，狭义上的生态文明是整个社会文明体系的重要组成，是相对于物质文明、制度文明、精神文明而言的，包括人们改造自然、解决人与自然关系难题的所有活动及其诸如法律、制度、技术、政策等方面的成果。从这个层面讲，"五位一体"的总体布局是基于狭义生态文明而进行的顶层设计。广义的生态文明是人类社会在后工业时代所努力寻求的新的人类文明形态，它孕育、萌生于工业文明之母体，又超越工业文明母体，是相对于渔猎文明、农业文明、工业文明而言的，涉及生态自然观、生态价值观以及生产生活方式等诸多方面的根本性变革。正如习近平总书记所说："生态文明是人类社会进步的重大成果……，是工业文明发展到一定阶段的产物，是实现人与自然和谐发展的新要求。"[③]从广义和狭义两个层面去理解生态文明概念，不仅能够有效消除人们在理解相应问题上的思维混乱和逻辑矛盾，还可以更加全面地展现生态文明概念的丰富内涵。

生态治理是"生态"和"治理"的复合词汇，所以理解治理概念的含义是理解生态治理的前提。联合国全球治理委员会（Commission on Global Governance）概括性地将治理定义为各种公共的或私人的个人和机构管理其共同事务的诸多方式的总和，这一定义比较简洁而准确地指出了治理的内涵，因而得到广泛的认可和赞同。从定义中可以看出治理的核心三要素：其一，公共的或私人的个人和机构。这表明治理的主体可以是个人也可以是机构，而机构既可以是私人的，也可以是公共的，总而言之，治理的主体是包含个人、组织、政府等在内的多元化的构成。十八届三中全会通过《关于全

---

① 费切尔．论人类生存的环境——兼论进步的辩证法[J]．哲学译丛，1982（05）：54—57.
② 张春燕．百年一叶[J]．环境教育，2013（12）：44—51.
③ 中共中央宣传部．习近平总书记系列重要讲话读本[M]．北京：学习出版社，人民出版社，2014：121—122.

面深化改革若干重大问题的决定》，其中一个亮点就是由“管理”向“治理”的转变，这一转变最重要的体现就是主体的单一化向多元化转变。其二，共同事务。这实际上体现了治理对象或治理价值，即治理要解决什么问题或要实现什么目标，治理由最初的政府对民生相关的公共性社会事务的处理不断扩大丰富，如政治生态治理、网络舆论治理、流域生态治理等。其三，诸多方式。这指的是治理的方法和手段，有效的治理需要诉诸法律法规、科学技术、宣传教育等多样化的科学手段。简单来说，生态治理就是治理在生态领域的应用和展开，在紧扣治理核心要素的基础上，我们可以对生态治理进行尝试性定义，生态治理是指政府主导下的多元治理主体，综合运用法律法规、绿色技术、文化宣传等手段对生态环境问题进行分析、整治、解决，进而实现保护生态环境的活动和过程。所以从这个意义上来说，生态治理与狭义的生态文明在内涵上具有高度的一致性，同时可以理解为是广义生态文明的重要组成部分。从目前党政文件以及学术界的使用情况来看，生态文明是更加普及的概念，它更多体现的是一种理论体系或理念体系的认知视角，而生态治理则带有更加鲜明的实践性、操作性特点，为了避免理解上的混乱，同时考虑到与模式概念实践性特点的契合性和适配性，这里故选择使用“生态治理模式”，而不是“生态文明模式”或“生态文明建设模式”。

（三）中国特色生态治理模式

揆诸理论与现实，中国特色生态治理模式的概念是成立的。在中国环境与发展国际合作委员会年会上，时任生态环境部部长李干杰作出“中国特色的生态环境治理模式已基本形成”①的重要判断。从前文论述的模式存在与否的四维评判标准来看，中国特色生态治理模式无疑也是符合的。就其定义而言，中国特色生态治理模式是生态治理在中国这一特定时空条件下的展开，可以简单理解为是具有中国特色的生态治理模式，或者说是生态治理的中国模式，集中体现为在进行生态环境问题整治过程中所总结提炼出来的实践经验和成功做法。概括来说，中国特色生态治理模式是指，中华人民共和国成立以来，中国共产党领导各方力量在应对现实生态环境问题、处理经济发展和环境保护关系、防范重大生态风险等一系列生态实践中所形成的具有中国风格、中国特色的理论认知、理念指引、体制机制等的总和。具体来

① 李干杰．中国特色的生态环境治理模式基本形成[N]．科技日报，2017-12-12（01）．

说，中国特色生态治理模式具有丰富的内容，如图1-2所示。

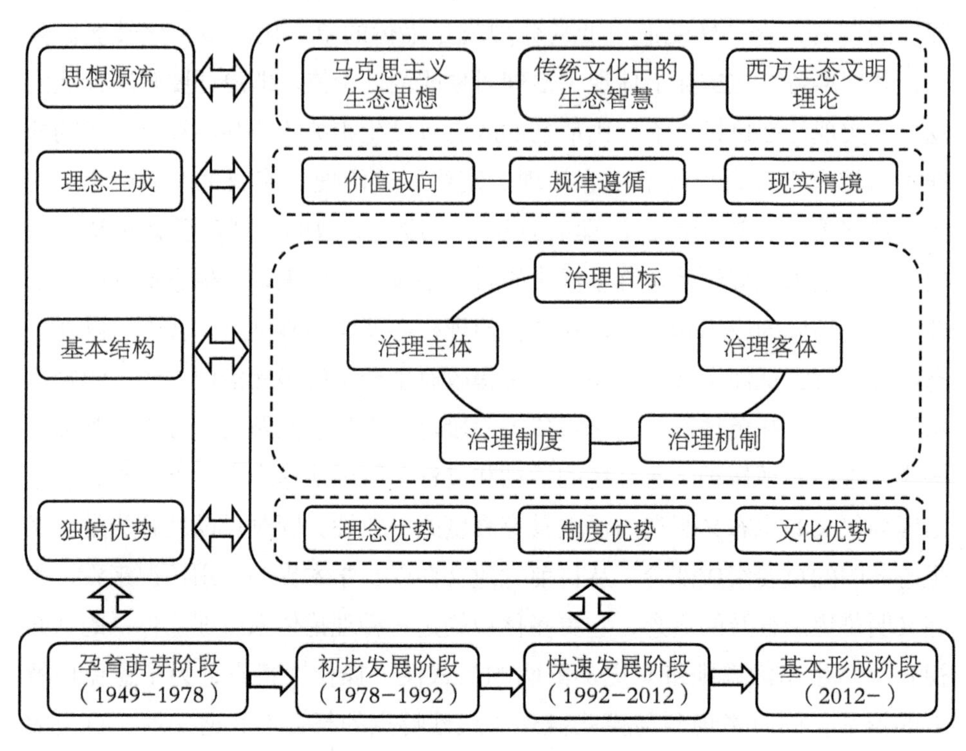

图1–2　中国特色生态治理模式示意图

其一，中国特色生态治理模式的思想源流。马克思主义生态思想是中国特色生态治理模式的理论指导，马克思恩格斯以超越时代现状的深邃思考和真实犀利的笔触揭示了资本主义制度及其发展给自然环境、给工人生存环境带来的严重破坏，以实践为中介构建起“人—自然—社会”的有机统一体，并且明确指出共产主义是“两个和解”的真正实现。在此基础上，中国共产党继承并发扬了马克思恩格斯的生态思想，从毛泽东“绿化祖国、兴修工程”的思想，到协调发展，再到可持续发展、科学发展观，直至习近平生态文明思想，这些为中国特色生态治理模式的生成和发展构筑了坚实的理论基础。中国人自古以来热衷追问和探讨天人关系，天人合一、民胞物与、万物一体、众生平等以及墨家“兼爱”、阴阳家“四时教令”等思想无不鲜明地体现了人与自然和谐相处的理念，并且在长期的积淀和发展中逐渐内化为一种文化自觉。除此之外，在西方生态文明理论中，诸如法兰克福学派、生态学马克思主义等理论中的合理成分也为中国特色生态治理模式的形成和发展提供了有益借鉴。

其二，中国特色生态治理模式的理念建构。理念之于模式的重要性不言自明，理念不是主观臆造或凭空产生的，它是通过综合集成价值取向、规律遵循、现实情境三个要素建构而成的。建构中国特色生态治理模式的科学理念也需要从这三方面进行考虑：生态效益与经济效益相统一、市场主体与政府主体相协调、环境代内公正与环境代际公平相兼顾是其价值取向；生态系统内在运行规律、人类社会发展基本规律以及人与自然互动关系的演进规律是其规律遵循；中国生态环境问题的时空压缩特征、经济新常态下的高质量发展要求、突显生态文明建设战略位置的顶层设计构成了其重要的现实情境。

其三，中国特色生态治理模式的基本结构。治理主体、治理客体、治理目标、治理制度、治理机制等多维内容共同组成了中国特色生态治理模式的基本结构。治理主体表现为在中国共产党集中统一领导下，政府主导、企业主体、社会组织和公众共同参与的多元治理主体。治理客体是为以社会关系为本质指向的生态环境问题，生态环境问题表面体现为污染问题、资源问题、生态失衡问题等，实则却是与经济、政治、社会、文化等具有深层勾连的复杂系统问题。满足人民对优美生态环境的需求、促进经济社会高质量可持续发展、擘画社会主义现代化强国新蓝图构成了“人民—社会—国家”三位一体的治理目标，源头严防制度、过程严管制度、后果严惩制度构成系统完备的治理制度，德法协同、区域联动、试点推广、科技创新、竞合博弈等构成多维协同的治理机制。

其四，中国特色生态治理模式的独特优势。较之于西方发达资本主义国家的生态治理，中国特色生态治理模式展现出理念、制度、文化三重独特优势。理念优势方面，“人民至上”是中国生态治理的根本理念，生态治理以人民利益为最终目的和最高准则，这也是区别于发达资本主义国家生态治理最本质的特征。制度优势方面，社会主义市场经济以资本为关键点，通过社会主义公有制从根本上消除了资本无序扩张的可能性，引导了资本合生态的外部走向，从而鲜明体现出以公有制为基础的经济制度优势。中国共产党领导下的政治体制具有强大的政策延续和调整纠错能力，同时，党政领导干部“关键少数”的主体责任发挥和中央生态环境保护督察的强大威力进一步彰显了中国生态治理的政治制度优势。法治建设是全世界生态治理的通用手段，中国特色生态治理的法律制度优势在于将党的意志、人民意志和法的意志高度统一，不仅给生态环境法律制度建设确立了一个政治权威力量，更为其丰富和发展定下了永恒的价值遵循。文化优势方面，一脉相承、与时俱进的科学生态理论不仅是中国特色生态治理模式的理论资源，更是宝贵的理论文化优势，为生态治理的推进提供了科学的行动指南。源远流长、内容丰富的古代生态智慧不仅是生态治理的思想宝库，更是提振生态自信的深厚底蕴。在艰苦卓绝的生态治理实践中，涌现出了感人至深、催人奋进的塞罕坝精神、右玉精神、库布齐精神等，这些源于实践而又反哺于实践的生态精神在激发斗志、传播理念、引领实践等方面具有巨大的现实作用，成为中国特色生态治理模式独特的靓丽风景线。

其五，中国特色生态治理模式的演进历程。中国特色生态治理模式的形成不是一蹴而就的，而是需要在长期的理论探讨和实践探索中不断完善和发展。在模式的成长和发展过程中，并不存在明确的时间节点用以来划分发展阶段，而是要根据整体发展趋势和局部特点对模式进行大致的发展阶段划分。截至目前，中国特色生态治理模式大致经历了孕育萌芽（1949—1978）、初步发展（1978—1992）、快速发展（1992—2012）、基本形成（2012至今）四个阶段。孕育萌芽阶段的生态治理呈现号召式、运动式的特点，主要诉诸大规模的植树行动和水利工程，塞罕坝机械林场、三北防护林体系建设工程、官厅水库、葛洲坝水利工程等大型工程都始于此时，但是法治建设相对薄弱。初步发展阶段迎来了环境立法的高峰期，开始注重科学技术在生态治理中的应用，宏观层面注重人口、生态、发展相互协调，以邓小平为代表的国家领导人开始思考并阐释模式以及中国模式的概念。快速发展阶段是在初步发展基础上的进一步深化阶段，立法开始由治理末端向治理前端转移，注重统筹经济社会与资源环境的协调发展，将生态文明建设写入党的文件和报告，形成了较为丰富但尚未自成体系的生态理论，并开始参与到全球生态治理之中。基本形成阶段是具有里程碑意义的历史阶段，生态治理的战略布局、理论认知、法治建设、实践深入在此时期都有了更加全面的发展，并且取得了令世人瞩目的治理成果，以站位高远、内涵丰富的习近平生态文明思想的确立为标志，中国特色生态治理模式基本形成。

第二节　中国特色生态治理模式的思想源流

作为理论与实践的中介，模式的生成既要根植于生动的实践，也不能离开理论的支撑。中国特色生态治理模式不是凭空产生的，它有着深厚而丰富的思想源流，马克思主义生态思想为其提供了科学的思想指导，中国传统文化中蕴含的丰富生态智慧为其注入了优秀的文化基因，西方重要的生态文明理论为其提供了必要的参考与借鉴。

（一）思想指导：马克思主义生态思想

马克思恩格斯虽然没有直接论述过生态治理，但是马克思恩格斯的社会批判理论所具有的生态内涵、生态关怀立场和革命意义，为马克思主义中国化生态理论的产生和发展奠定了重要基础。与此同时，马克思恩格斯的生态思想与马克思主义中国化生态理论共同构成了中国特色生态治理模式的指导思想。

1.马克思恩格斯的生态思想

马克思恩格斯所处的年代是资本主义上升期，生态环境问题还远远不及当下严峻，但是马克思恩格斯已经敏锐地洞见了资本主义发展给生态环境带来的严重后果，并且能够以超越时代现状的深邃思考去认识人与自然的关系，为包括中国特色社会主义在内的后来者奠定了理论基础和思想指导，这也正是马克思恩格斯生态思想具有穿越时空的持久魅力，至今仍闪耀着真理光芒的原因所在。

首先，人是自然的组成部分，人依赖于自然。人是特殊的自然存在，在实践中形成的思维、意识等人脑特有的活动使其本质区别于其他生物，也正是这些人脑特有的高级功能赋予了人得天独厚的神奇力量，使人类成为万物之灵长，使人类具有了改造自然的能力。但是究其源头，人依赖自然而生长。所以，马克思直言，“人直接地是自然存在物”①，恩格斯在讨论人的意识和思维时也强调，“人本身是自然界的产物，是在自己所处的环境中并且和这个环境一起发展起来的。”②同时，与其他动植物一样，人以及人类社会受到自然的约束和限制，依赖于自然，以自然的存在为存在基础，人需要从自然中摄取维持生命的必要能量和养分。人类生存尚且如此，社会更不可能超脱自然而独立发展，社会必须依靠自然为其提供的物理空间、原始材料以及劳动者的生活资料，“没有自然界，没有感性的外部世界，工人什么也不能创造”③，人类社会的进步以及人类文明的创造也就无从谈起。这也从本质上规定了建构人与自然关系的根本方法论，人的一切实践应该遵循自然规律，否则“只会带来灾难”。

---

① 马克思恩格斯文集：第一卷[M]．北京：人民出版社，2009：209．

② 马克思恩格斯选集：第三卷[M]．北京：人民出版社，2012：410．

③ 马克思恩格斯选集：第一卷[M]．北京：人民出版社，2012：52．

其次，以实践为中介的人—自然—社会统一有机体。在人以自然为存在基础的观点之上，马克思主义反对孤立地、剥离地谈论人与自然的关系。在对抗和改造自然的过程中，人类结成家庭、群落，形成合作关系、交换关系、分工关系等人与人之间的社会关系，所以从一定程度上讲，人与自然的关系是人与人之间社会关系的前提。从另外一个角度看，作为“人的无机身体”，自然只有在嵌入到人类社会关系中，才会获得现实生活层面的意义，脱离社会，人与自然的关系就会如同动物与自然的关系一样，只是本能的、无意识的。人、自然、社会三者构成有机统一体的交汇点就在于实践，实践是人存在的基本形式，也是人区别于动物的特殊类本质，人通过实践活动与自然发生互动，并且不同于动物本能地被动顺应自然，主观能动性和创造性赋予人类强大的认识和改造自然之能力，这就是为何当人类的能动性被非理性裹挟时，对自然的合理改造演变为对自然的控制和破坏。总之，人与自然是相互作用、相互影响一对范畴，以实践为中介和纽带，人、自然、社会构成了有机整体。从这个层面来看，马克思实践生态观是对人类中心主义以及自然中心主义的全面超越，因为非此即彼地谈论人类社会或自然生态是没有意义的，注定走向极端，唯有以实践为中介实现人、自然、社会三者有机统一才是人类社会与自然生态的永续发展之道。

再次，异化劳动导致了人与自然的对立冲突。人作为主体，通过实践，作用于自然界而创造出诸多新的事物。但是，由于劳动异化的介入，主体与客体的原本关系被打破，客体异化为控制、奴役主体的外部力量。在资本主义制度和生产关系下，劳动异化驱使劳动产品与工人的劳动走向对抗，工人越是辛勤劳动产生剩余价值，工人就“越受自己的产品即资本的统治”。劳动作为人区别于动物的本质活动，工人不能自由地按照本身的意愿劳动，而是要按照生产的需要以及资本家的规定进行，因此，工人的劳动是枯燥乏味的、备受压迫的。在这种情况下，人的类本质也随着发生变化，人固有的“类”降低为动物的“类”。

最后，共产主义是“两个和解”的真正解决。马克思恩格斯在观察和分析十九世纪资本主义发展及其所遭遇的生态环境问题后认为，资本主义生产方式是造成生态环境问题的根本原因。资本家在剩余价值的诱导和驱使下，毫无克制地对自然进行开发与攫取，进而极为严重地摧残了自然环境。同时，利润最大化的要求使得资本家对工人的剥削越发残酷，工人阶级的生产和生存环境极其恶劣，并且由于生产资料的大量集中，这形成了恶性循环，

"资本主义的积累越迅速，工人的居住状况就越悲惨"[①]。在此基础上，马克思恩格斯提出了人与自然、人类自身"两个和解"的思想，"人与自然的和解"指向人与自然关系的缓解与和谐，"人类自身的和解"则指向人与人之间社会关系的重构。既然资本主义生产方式，或者说是资本主义制度是引发资本家与工人对立、人与自然冲突的根源，那么要想实现"两个和解"，就必须对生产方式和社会制度进行彻底变革，由此，马恩深刻指出，"共产主义……它是人和自然之间、人和人之间的矛盾的真正解决。"[②]

2.马克思主义中国化生态理论

中国化马克思主义生态理论是马克思恩格斯生态思想与中国实际相结合的产物，是中国共产党对马克思恩格斯生态思想的创造性继承和创新性发展。一脉相承、继承发展、与时俱进是党中央历代领导集体在生态治理和环境保护方面的鲜明理论特征，每一代领导集体都会在继承前者的基础上结合社会历史趋势和经济社会发展要求作出理论创新。从"不认识或者认识不清自然就会受到处罚"到"人与自然和谐相处"再到"人与自然和谐共生"，从科学发展观到习近平生态文明思想，凡此都是中国特色生态治理模式成长与形成的重要理论基础。

在人与自然关系的总体认识上，毛泽东基本继承了马克思恩格斯的生态自然观，他指出："人类同时是自然界和社会的奴隶，又是它们的主人。"[③]同时，毛泽东还认识到，人类社会与自然界总是不断发展的，在与自然的互动过程中，"如果对自然界没有认识，或者认识不清楚，就会碰钉子，自然界就会处罚我们，会抵抗。"[④]周恩来强调要正视自然、敬畏自然，在主持黄河治理会议时指出："自然界中未被认识的事物多过人们已经认识了的。"[⑤]在讨论成立东北林业总局时更是直接强调，林区开荒要注意制止草原破坏问题，"再不能把破坏自然看作是慷慨了"，因为"违背了自然规律就会什么都做不通"[⑥]。基于这样的认识，从改变新中国战后面貌、恢复发展国民经济角度出发，毛泽东提出"绿化祖国"的伟大号召，指示：

---

① 马克思恩格斯全集：第四十四卷[M]．北京：人民出版社，2001：757．

② 马克思恩格斯文集：第一卷[M]．北京：人民出版社，2009：185．

③ 中共中央文献编辑委员会．毛泽东著作选读：下册[M]．北京：人民出版社，1986：846．

④ 中共中央文献研究室，编．毛泽东思想年编：1921—1975[M]．北京：中央文献出版社，2011：882．

⑤ 中央文献研究室，国家林业局，编．周恩来论林业[M]．北京：中央文献出版社，1999：135．

⑥ 中央文献研究室，国家林业局，编．周恩来论林业[M]．北京：中央文献出版社，1999：111．

“即在一切可能的地方，均要按规格种起树来，实行绿化。”[①]并且把植树造林上升到共产主义的高度，“林业建设是共产主义建设……如果全国实现了绿化、园林化，那就是共产主义建设了。”[②]与此同时，水利建设是备受党中央重视的另一项事业，党中央领导和组织群众先后对淮河、黄河、海河进行了大规模整治，修建了荆江防洪工事、官厅水库、葛洲坝等水利工程，不仅有效抵御了暴雨、洪水等自然灾害，同时为推动农业生产、恢复国民经济发挥了重要的积极作用。

生态治理的法制思想。以邓小平同志为核心的党的第二代中央领导集体在继承“绿化祖国、兴修水利”思想的基础上，高度重视生态治理的法律建设，形成了鲜明的生态法制特点。邓小平明确指出：“搞四个现代化一定要两手抓，只有一手还是不行的。所谓两手，即一手抓建设，一手抓法制。”[③]生态治理和环境保护是现代化事业的重要组成，自然也不能例外。在第二次全国环境保护会议开幕式上，时任国务院副总理万里强调：“要搞好环境保护，不能光讲道理，还必须按照法规严格监督，包括对环境质量、污染防治情况、环境法规执行情况的全面监督……一定要健全法制，做到既有法可循，又能认真监督。”[④]在党中央的高度重视和大力推进下，20世纪80年代成为我国环境立法的高峰期，十年间，制定颁布了水污染防治法、大气污染防治法、森林法、草原法、野生动物保护法等十多部污染防治和自然资源保护的法律，并且审议通过具有里程碑意义的《中华人民共和国环境保护法》，成为我国环境保护的基本法。可以说，以邓小平为核心，党中央高度重视生态治理的法律法规建设，构建形成“基本法+单行法+法规”的生态治理法律体系，为生态治理法治化作出突出贡献，使法治成为我国生态治理和保护环境一以贯之的基本方略。

经济发展与资源环境协调发展的思想。自《中国21世纪议程》讨论通过起，可持续发展成为我国社会发展的重大战略。可持续发展的前提是发展，目的也是发展，可持续是发展的限制条件和更高要求，而其中重要的对策就是要资源节约和加强环境保护，使经济社会发展与资源环境的承载能力

---

① 中央文献研究室，国家林业局，编．毛泽东论林业[M]．北京：中央文献出版社，2003：51．

② 中央文献研究室，国家林业局，编．刘少奇论林业[M]．北京：中央文献出版社，2005：147．

③ 邓小平．建设有中国特色的社会主义：增订本[M]．北京：人民出版社，1984：130—131．

④ 国家环境保护总局，中共中央文献研究室，编．新时期环境保护重要文献选编[M]．北京：中央文献出版社，中国环境科学出版社，2001：42．

相适应。党和国家业已充分认识到，要以相对不足的资源禀赋支撑经济社会发展，加上基数庞大的人口，可持续发展战略势在必行。党的十六届三中全会明确提出“科学发展观”，实现经济发展与人口、资源、环境相协调，统筹人与自然和谐发展是其中应有之义。由此可见，不论是可持续发展战略，还是科学发展观，都内在地包含了经济社会与资源环境协调发展的要求和思想，这体现了我们党对经济发展和环境保护关系、人与自然关系的全新认识以及为此对社会整体发展提出的更高要求。

习近平生态文明思想。毋庸置疑，习近平生态文明思想是中国共产党历史上首个关于生态文明建设的全面系统、开放包容而又自成体系的理论和话语体系。习近平生态文明思想立意高远、内涵深邃，站在人类文明和社会发展的高度，以“生态兴则文明兴”“绿水青山就是金山银山”“生态是民生福祉”等科学论断揭示了自然生态与人类文明、经济发展与环境保护、生态环境与社会民生等的辩证统一关系，从系统治理、严密法治、全民行动、全球共治等多个角度阐释了生态治理和环境保护的科学思维和系统方法。习近平生态文明思想从理论认知、思维方法以及实践路径等多个方面实现了对过去生态文明建设的科学总结和全面创新，把我们党对生态规律以及经济社会发展规律的认识提升到崭新高度，是新时代进行生态文明建设以及实现美丽中国梦必须坚持的理论遵循和行动指南。从更深远的层面来讲，习近平生态文明思想是马克思主义人与自然关系思想史上具有里程碑意义的成就，为21世纪马克思主义生态文明学说的创立作出了历史性的贡献。[①]

（二）文化基因：中国传统文化中的生态智慧

我国传统文化博大精深、源远流长，数千年的积淀凝聚饱含着古代先贤对世间万物、天道人伦、沧海桑田变幻不息的历史规律的探寻与反思，其中基于人与自然关系思考而形成的中国古代自然观蕴含着丰富的而精妙的生态智慧，对于深入开展中国特色生态治理，构建人与自然和谐关系大有裨益。文化根植于实践，烙印在内心，能够深深融入民族基因中，在影响人的思维方式和实践方式时具有润物无声、深远持久的特点。时至今日，当现代文明发展带来严峻的生态环境问题时，中华传统文化依然是我们汲取生态智慧的思想宝库，其中儒释道三家是最具代表性的文化流派，其所蕴含的崇尚

---

① 黄承梁．中国共产党领导新中国70年生态文明建设历程[J]．党的文献，2019（05）：49—56．

自然的精神风骨、包罗万象的广阔胸怀，显示出中国人独特的宇宙观和价值追求。

儒家“天人合一”“仁民爱物”的思想。儒家文化在对待自然问题上，讲求“天人合一”。所谓“天人合一”，释为天道与人道、天理与人理的汇通相合，用现代语境解释，就是指人与自然的和谐统一、共生共荣，二者应该保持一种互动的、协调发展的状态，人既可以合理利用自然，也要尊重自然。在儒家的认知体系里，对“天”的理解有两层意思，第一层意思是自然万物及其内蕴的客观规律，如“天何言哉？四时行焉，百物生焉，天何言哉？”四时更替、春去秋来、万物生长，这是实实在在的，人们可以感知的自然规律。第二层意思是与伦理道德、个人修炼有关的“天命”，这是无形的，“知天命”“知我者，其天乎”说的就是这个意思。当“天人合一”与“仁”的伦理准则相融合时，儒家思想要求将人的道义品德移情到自然万物，因此才产生天与人合二为一的生态伦理观念。“仁民爱物”的思想就饱含丰富的生态意蕴，将仁爱之精髓延展到天下大众、天地万物之中，例如孔子说：“子钓而不纲，弋不射宿。”荀子说：“草木荣华滋硕之时则斧斤不入山林，不夭其生，不绝其长也。”再例如心学王阳明“万物一体”之思想，关学张载“民胞物与”之思想等。儒学至董仲舒之时，发展为容纳人与生物界的“仁义礼智信”的更为丰富系统的思想，并且备受统治者推崇，由此得以将儒家生态之智慧融入国家治理之中。

道家“道法自然”“万物一体”的思想。不同于儒家注重人与人关系的探讨，道家思想特别注重人与物的关系，其中不乏对人与环境、人与自然关系的追问和思考。《道德经》有云：“人法地，地法天，天法道，道法自然。”这里“法”是遵循、顺从的意思，“自然”并非现代汉语中物质生态环境的意思，“然”古代指状态、样子，所以“自然”，也就是自是、自成，可以理解为自己如此，自己本该的状态，也可以相近地理解为现代汉语中事物所固有的内在规律。“道”作为道家学说的核心概念，代表着宇宙本原和万物始基，万物源于而又复归于道，故有“道生一，一生二，二生三，三生万物”。所以，“道法自然”说的是，道顺任、纯任、取任自然，也即自然之道、自然有道。因此，人应该尊重自然及其规律，对宇宙万物“利而不害”，从这点来看，道家思想已经超越了人类中心主义，主张让万事万物以自己固有的方式存在和发展，而不是将人类的主观价值尺度强加于自然。“万物一体”将天、地、人视为一个有机的整体，认为人与自然万物有着共同的本源并遵循共同的法则，所以能够构成相互联系的系统，所以庄子提出“天地与我并生，而万物与我为一”。此外，道家还有节约勤俭的思想和主张，“我有三宝，持而保之。一曰慈，二曰俭，三曰不敢为天下先”，这与生态治理所要求的节约资源、降低能耗、建设资源节约型社会具有内在契合。

佛家“缘起因果”“众生平等”的思想。佛家以“缘起论”形成统一的生态自然观。所谓“缘起”，是指现象世界中的一切存在都是由种种条件和合而成的，都有其必然的因缘，而不是孤立地存在。人类与其他所有生命物种在生态系统中的相互依存是一个事实，“一切地水是我先身，一切火风是我本体”体现的便是这个思想。从本质上看，“缘起论”实际上强调的是事物之间稳定的因果关系和普遍联系，这予以人们深刻的告诫和启示，对自然环境的破坏之因终究会结出伤害自身之果，对自然规律的僭越或无视终究会受到自然无情的惩罚，因此人类在与自然的互动过程中，不仅要恪守底线而不伤害自然，更要尊重呵护自然以期自然造福人类之善果。同时，佛家具有十分广泛的生命观，人和动物之类具有感情的称为“有情众生”，山川大地、河流湖泊等称为“无情众生”，“众生平等”之“众生”包含“有情众生”和“无情众生”，佛家以悲悯之心，要求世人去善待他人、善待万千物种、善待世间万物，这种“悲悯”“慈悲”可以理解为一种广义上的人与自然之和谐，既有对自然万物的悲悯与怜爱，又有对于人类自身延续发展所需要的对自然的合理开发和利用。此外，佛家所倡导戒杀、护生、素食、修行等都在很大程度上与当前我们所倡导的绿色生活方式不谋而合。总的来说，佛家思想折射出热爱自然、尊重生命、热爱生活的生态智慧。

儒释道之外，墨家“兼爱”的伦理思想以及由此派生的节用、节葬和非乐等朴素思想，法家“法布于众”“刑无等级”的思想，阴阳家“四时教令”的思想，凡此之传统文化中的有益成分，都为当前生态环境问题的解决提供了重要启示。综上所述，中国传统文化中所蕴含的生态智慧充分彰显了自然的内在价值以及人与自然平等共生的思想认知，这不仅在长期的文化积淀和熏陶中内生为民族的独特气质，也为认识自然并且进行改造自然的伟大实践提供了直接的方法论指导。

（三）他山之石：西方生态文明理论的有益借鉴

学界一般认为，生态学（Ecology）概念最早由德国生物学家恩斯特·海克尔（Ernst Haeckel）于1866年提出[①]，他认为动物生态学是研究动物与无机及有机环境相互关系的科学，之后经多年发展，生态学逐渐发展成为一门独立学科，其中包含着人们对自身行为造成的环境恶果的反思和总结。工业革命开始之后，在西方社会对生态环境问题关注和反思的过程中涌现出诸多生态思潮，并兴起了大规模的生态运动。其中，法兰克福学派和生态马克思主义无疑是其中的典型代表。在此，仅以法兰克福学派和生态马克思主义为代表说明西方生态理论的重要观点及其对中国特色生态治理模式的借鉴意义。

法兰克福学派是西方马克思主义的重要流派，强调将生态环境问题的分析与资本主义批判相结合，以科技异化和消费异化对资本主义制度展开批判。一方面，科技的异化导致了技术对人和自然的奴役。赫伯特·马尔库塞（Herbert Marcuse）指出，资本主义凭借先进的技术实现了对自然的控制，自然沦为被掠夺和剥削的对象，进而导致了人和自然的异化，对此，“回到技术前状态”并不是解放自然的良策，而是要从根本上改变技术文明的利用方式，“以达到人和自然的解放，将科学技术从为剥削服务的毁灭性滥用中解放出来”[②]。另一方面，技术进步带来的生产力大幅提升使得产品生产远远超过人们的实际需求量，为了防止产品大量过剩，资本主义不得不制造各种虚假需求强加于人。虚假的需要是那些“为了特定的社会利益而从外部强加在个人身上的那些需要，使艰辛、侵略、痛苦和非正义永恒化的需要”[③]，这使得人们为了消费而消费，为了标榜自我而消费，真实的需求和享受此时变得不值一提。在这个过程中，消费也由“一种有意义、富于人性的和具有创造性的体验”[④]变成了与真实自我相异化的虚幻活动。

除此之外，法兰克福学派的主要代表人物还从不同的侧面探讨过人与自然的关系问题，其中探讨最多的应首推法兰克福学派第二代思想家阿尔弗雷德·施密特（Alfred Schmidt），其对人与自然的关系的探讨集中于人的活动所引起的自然界的变化，即“人化的自然”。在马克思研究的基础上，施密特阐述了自己对自然及其与人类社会关系的理解，尽管被诟病逻辑线索前后不一，但施密特的观点仍然具有重要的启示和借鉴意义。施密特理解的自

---

① 郑度．“生态学”一词出现的最早年代[J]．地理译报，1988（3）：60．
② 赫伯特·马尔库塞．工业社会和新左派[M]．任立，编译．北京：商务印书馆，1982：133．
③ 赫伯特·马尔库塞．单向度的人[M]．刘继，译．上海：上海译文出版社，2006：6．
④ 埃利希·弗洛姆．健全的社会[M]．孙恺祥，译．上海：上海译文出版社，2011：109．

然包括“人化自然”和“第一自然”，“人化自然”是基于人类生产领域理解的，并且以“第一自然”为存在基础，但同时也是真正理解“第一自然”的钥匙。承认“人化自然”就意味着承认自然与社会劳动的密切融合，“人化自然”是劳动的产物，是自然内化于人类实践活动的结果，所以施密特十分珍视劳动在变革天然材料中的作用。总的来说，施密特通过阐述真实自然的社会属性以及“人化自然”的劳动来源作出了自然史与人类史基于实践的密切统一的重要判断，这构成了法兰克福学派在人与自然关系问题上的重要主张。

生态马克思主义是西方马克思主义又一极具影响力的思潮。从某种意义来讲，生态马克思主义是马克思主义理论与当代资本主义环境问题相结合的产物，以马克思主义理论为基础剖析工业化以来的生态环境问题，在批判资本主义的过程中寻求危机的化解之道，其直接理论来源便是法兰克福学派。生态马克思主义创始人威廉·莱易斯（William Leiss）认为，当代生态危机的深层根源是控制自然的观念。控制自然体现了强烈的主动与被动的关系色彩，是对自然内在价值极其物质化的理解，更是对自然内在生命力的蔑视，当这种理解占据社会意识形态制高点时，对人与自然关系的认知将最终倒向工具主义的边缘，因为这种意识形态“最根本的不合理的目标就会把全部自然（包括人的自然）作为满足人的不可满足的材料来加以理解和占用”。约翰·贝拉米·福斯特（John Bellamy Foster）提出，当今世界生态环境问题是由资本主义的世界经济造成的，不能笼统地说存在着人与生态之间的对立，实际存在的是生态与资本主义之间的对立，[①]并且这种对立是整体性、根本性的。福斯特在深入解读马克思主义自然观和历史观基础上，把“物质变换”及其断裂作为他所指称的“马克思的生态学”的关键性概念，以及对资本主义社会进行生态批判的最主要理论武器。[②]不同于福斯特重新解读经典文本的方式，詹姆斯·奥康纳（James O'Connor）将马克思恩格斯对资本主义社会关系的分析作为第一重基本矛盾，将被忽视的社会自然关系层面矛盾作为第二重矛盾，这样一来，“有两种而不是一种类型的矛盾和危机内在于资本主义之中；同样，有两种而不是一种类型的由危机所导致的重新整合

---

① 陈学明．“生态马克思主义”对于我们建设生态文明的启示[J]．复旦学报（社会科学版），2008（4）：8—17．

② 郇庆治．作为一种政治哲学的生态马克思主义[J]．北京行政学院学报，2017（4）：12—19．

和重构内在于资本主义之中”[①]。安德列·高兹（Andre Gorz）以政治生态学的独特视角对资本主义展开批判，从经济理性、技术理性等角度揭示了资本主义生态危机的必然性，并将生态社会主义，即以社会主义生产方式重构资本主义经济体系作为摆脱生态危机的理想选择。综上所述，在遵循马克思对资本主义制度进行批判的基本方向上，生态马克思主义聚焦环境问题，以不同切入视角或不同论述方式，解释了生态环境问题在社会关系领域的本质潜藏，揭示了生态危机与资本主义内部各个方面存在的本质勾连，这对推进中国特色生态治理具有重要的启示作用。

第三节　中国特色生态治理模式的演进历程

任何模式都具有生命周期，都会经历萌生、成长、形成、衰退等过程，中国特色生态治理模式也是如此。模式发展的每一个阶段并没有明确的时间节点，它是一个渐进演变的过程，但是可以根据整体发展趋势和每个阶段的发展程度、特点进行大致划分，从新中国成立中国共产党重视环境保护开始到十一届三中全会为孕育萌芽阶段（1949—1978），十一届三中全会中国共产党开始找到一条建设中国特色社会主义的道路到党的十四大为初步发展阶段（1978—1992），从十四大至十八大为快速发展阶段（1992—2012），从十八大开始至今为基本形成阶段（2012至今），可以说，中国特色生态治理模式目前已经基本形成，正在向更加成熟和正式形成的阶段迈进。

（一）孕育萌芽阶段：绿化祖国与大型工程并重（1949—1978）

理论是指导，法制是保障，以毛泽东同志为核心的党的第一代中央领导集体在控制人口、植树绿化、兴修水利、节约资源等方面提出了众多具有前瞻性的重要见解和观点，并推动制定相关法律法规，为形成中国特色生态治理模式夯筑了极其重要的前期基础。在这一阶段，生态治理呈现号召式、运动式的特点，在党中央的号召和领导下，塞罕坝机械林场、三北防护林体系建设工程、官厅水库、葛洲坝水利工程等大型工程纷纷规划上马，全国人民积极投入，在短时间内取得显著成效。

控制人口。20世纪50年代，刚刚成立的新中国百废待兴，需要大量劳动力，加之“人多力量大”的观念深入人心，导致人口快速增长。快速增长的人口使资源和粮食消耗越来越大，由于粮食生产技术有限，增加粮食产量的

---

① 詹姆斯·奥康纳．自然的理由：生态马克思主义研究[M]．唐正东，臧佩红，译．南京：南京大学出版社，2003：275．

有效手段就是不断开垦，扩大粮食种植面积，这在很大程度上破坏了生态环境和生态平衡。此外，大规模的生产也对环境造成了较为严重的破坏。党中央第一代领导集体清楚认识到人口过快增长会给社会发展和自然环境带来巨大压力，开始重视人口控制问题。1954年，刘少奇指出："现在我们要肯定一点，党是赞成节育的。"[①]1956年，毛泽东在会见南斯拉夫妇女团时说："我们为什么不可以对人类本身的生产也实行计划呢？我想是可以的。"[②]对此，国务院1971年下发了《关于做好计划生育工作的报告》，要求除人口稀少的地区外，各级都要加强对计划生育工作的领导，提出在第四个五年计划期间人口自然增长率要逐年降低，争取到1975年一般城市降到千分之十左右，农村降到千分之十五以下。

植树绿化。中华人民共和国成立之初，由于多年战事和无序砍伐，我国的绿化面积锐减，植树绿化成为当时保护环境的重要任务。毛泽东十分重视林业发展，保护森林资源，曾指出："森林是十分宝贵的资源"。[③]1952年，毛泽东在徐州说："我们要发动群众，上山栽树，一定要改变徐州童山的面貌。"[④]同时，鼓励人民群众种植经济林木，在保护环境的同时发展经济。据统计，1950—1952年，全国完成封山育林6210万亩；1956年封山育林即达5835多万亩；1950—1957年，全国共造林23596.4万亩。[⑤]1958年4月，《关于在全国大规模造林的指示》发布，主要内容包括：一、做好规划；二、坚持依靠合作社造林为主，同时积极发展国有林场的方针；三、努力提高造林质量；四、做好更新和护林工作。同年12月，八届六中全会通过《关于人民公社若干问题的决议》，首次以中央文件的规格发出"大地园林化"的号召："根据地方条件，把现有种农作物的耕地面积逐步缩减到1/3左右，……另一部分土地植树造林，挖湖蓄水，在平地、山上和水面都可以大种其万紫千红的观赏植物，实行大地园林化。"1962年，原林业部在河北承德设立塞罕坝机械林场，事实证明，经过50多年的艰苦奋斗，创造了荒原变林海的人间奇迹。综上所述，毛泽东已经认识到植树绿化对改善环境、发展经济的重要性，推动相关措施的实施并取得显著效果。

---

① 本书课题组，编著．中国特色社会主义生态文明建设道路[M]．北京：中央文献出版社，2013：17．

② 毛泽东文集：第七卷[M]．北京：人民出版社，1999：153．

③ 中央文献研究室，国家林业局，编．毛泽东论林业[M]．北京：中央文献出版社，2003：5．

④ 顾龙生．毛泽东经济年谱[M]．北京：中共中央党校出版社，1993：310．

⑤ 刘国华．中国化马克思主义生态观研究[M]．南京：东南大学出版社，2014：111．

兴修水利。在土地革命时期，毛泽东便深知水利事业的重要性，认为“水利是农业的命脉”，突出了水利对农业生产和国家稳定的巨大意义。1949年10月，中华人民共和国水利部成立，开启我国水利事业的新阶段，主要着手解决当时较为棘手的淮河治理问题，事实证明，显著的治理效果极大提振了我国水利事业的整体信心，并且对地方治水工程也产生了较大影响。1955年，毛泽东提出了关于加强农田水利工作的指示，指出：“兴修水利是保证农业增产的大事。”[①]20世纪70年代初，在周恩来总理提议下，长江葛洲坝水利枢纽工程破土动工。党的第一代中央领导集体充分肯定水利工程的综合效益，采取渐进的方式开展水利建设，为应对水患和促进农业发展带来积极影响，产生了良好的经济效益和生态效益。

资源集约和保护。1956年国家确立“综合利用工业废物”的方针，为此后十余年工业污染治理和废物利用提供了重要指导。1956年中国建立了第一个综合性自然保护区——鼎湖山自然保护区，在自然资源和生态保护的制度方面初步形成规模。20世纪60年代，国务院发出保护野生动物的重要指示，并建立了一批综合性自然保护区，自然资源和生态保护制度体系进一步完善。为实现既定的目标，强有力的行政体制必不可少。70年代初，在周恩来同志的重视和推动下，各级政府开展了更为积极的“三废”治理和综合利用。1971年，国家计委顺势成立“三废”利用领导小组。1972年6月，成立了第一个跨省市的环保机构——官厅水系水源保护领导小组，在此基础上逐步形成涵盖中央、省、地市三级行政单位的保护网络。1974年10月，国务院环境保护领导小组正式成立，下设办公室，这也是中国生态环境部的雏形和前身。

法律法规的初步建设。新中国成立之初，社会生产力水平总体还比较低下，中国人民急需摆脱战争的创伤和贫困落后的面貌，生态治理的法律法规建设整体还处于孕育和起步阶段。受特殊历史条件的影响，该时期的生态法治建设呈现法治化水平低、与农业和工业发展密切关联等特点。植树绿化、兴修水利、整治卫生环境等问题是重点领域，先后颁布《关于发动群众继续开展防旱、抗旱运动并大力推行水土保持工作的指示》《关于根治黄河水害和开发黄河水利的综合规划的决议》《1956年到1957年全国农业发展纲要（草案）》《关于在全国大规模植树造林的指示》《中共中央关于三峡水利枢纽和长江流域规划的意见》《关于做好计划生育工作的报告》等重要文

① 毛泽东文集：第六卷[M]．北京：人民出版社，1999：451．

件，但是基本制度尚未成形。1954年颁布的《中华人民共和国宪法》第一次规定重要资源和环境要素为全民所有，矿业暂行条例（1951年）、水土保持暂行纲要（1957年）、森林保护条例（1963年）、矿产资源保护试行条例（1965年）等法律条文的出台，都为生态治理法治化道路奠定了良好基础。在国际环保运动和国内生态环境的双重因素作用下，在周恩来总理的领导下，我国于1973年拟定了环境保护史上首部综合性法规《关于保护和改善环境的若干规定》。1978年修订的《中华人民共和国宪法》规定："国家保护环境和自然资源，防治污染和其他公害"，一举奠定了环保以及环保立法的宪法依据和基础。这一时期，法律法规的不断完善以及相关制度的制定促使我国生态治理开始步入法治化轨道。

（二）初步发展阶段：兼顾法制建设与科技应用（1978—1992）

十三大报告指出，十一届三中全会以后，我们党"开始找到一条建设有中国特色的社会主义的道路，开辟了社会主义建设的新阶段"[①]。"开始""开辟""新阶段"等重要字眼表明十一届三中全会是党和国家重要的历史转折点，也是中国特色生态治理新的历史起点。20世纪80年代起，邓小平多次在正式场合谈及"模式""中国的模式"的概念，但当时主要是针对"什么是社会主义""怎样建设社会主义"的问题而言的，加之经济建设是党和国家工作的重中之重，所以彼时中国特色社会主义模式在经济领域体现得更加明显。在毛泽东时期环境保护工作的基础之上，这一时期的生态治理继续发挥社会主义的制度优势，在理论认识、法制建设以及实践开展等方面取得显著进步，已经初步地、自发地展现出中国模式的特点，是中国特色生态治理模式的初步发展时期。

首先，理论认识进一步深化。十一届三中全会为我国现代化建设开辟新的方向，以邓小平同志为核心的党的第二代中央领导集体在总结过去经验基础上，对环境保护以及协调经济与发展问题展开新的思考，在三个问题上达成了更加深刻的共识：其一，重视人口、生态、发展的协调关系，注重人口的"质"和"量"。"人口多的大国有一定的优越性，但是困难也很多。"[②]庞大的人口虽然可以为经济发展提供充足的劳动力，但是另一方面

① 石仲泉．中国特色社会主义理论体系为什么不包括毛泽东思想？[N]．河南日报，2007-11-13（05）．

② 中共中央文献研究室．邓小平思想年谱（1975—1997）[M]．北京：中央文献出版社，1998：190．

也需要更多的生活和生产资料，这就需要向自然索取更多的资源，意味着自然需要承受更大的压力。所以，邓小平主张在控制人口的基础上提高国民素质，因为他坚信劳动者素质是经济发展的重要因素，中国巨大的人口基数将会带来无可比拟的人力资源优势。其二，初步认识到自然生态和经济发展的辩证关系。分析80年代四川、陕北等地的特大洪灾，邓小平意识到："最近发生的洪灾涉及林业问题，涉及森林的过量采伐，看来宁可进口一点木材，也要少砍一点树……这些地方是否可以只搞间伐，不搞皆伐。"[①]他还进一步指明环境保护的经济效益，"水杉树好，既经济又绿化环境，长粗了还可以派用处，有推广价值"[②]。其三，依靠科学技术推动环境保护工作。邓小平认为，"将来农业问题的出路，最终要由生物工程来解决，要靠极端科技。"[③]在和胡耀邦等人的谈话时，他也明确指出，"解决农村能源，保护生态环境等等，都要靠科学。"[④]这些思想和论断为我国生态治理开拓了科学性的全新视角，提供了正确的方向指引。

其次，法制建设的长足进步。邓小平十分重视法制建设，主张两手抓（即一手抓建设，一手抓法制），两手都要硬，强调制度问题"更带有根本性、全局性、稳定性和长期性"[⑤]。在他的领导和重视下，我国环境保护的制度化建设取得长足进步。第二次全国环境保护会议把环境保护定为现代化建设的战略任务，更是我国应当长期坚持的基本国策。1986年在中共中央、国务院《关于加强土地管理、制止乱占耕地的通知》中指出："十分珍惜和合理利用每寸土地，切实保护耕地，是中国必须长期坚持的一项基本国策。"1989年4月28日—5月1日，第三次全国环境保护会议在北京召开，会议通过《1989—1992年环境保护目标和任务》和《全国2000年环境保护规划纲要》两份指导性文件，形成"环境管理要坚持预防为主、谁污染谁治理、强化环境管理"的三大政策。在认真总结过往经验和教训基础上，构建我国环境管理的"八项制度"，即环境保护目标责任制度、污染集中控制制度、限期治理制度、排污收费制度、城市环境综合整治定量考核制度、环境影响评价制度、"三同时"制度、排污申报登记与排污许可证制度。同时，

① 国家环境保护总局，中共中央文献研究室，编．新时期环境保护重要文献选编[M]．北京：中央文献出版社，中国环境科学出版社，2001：3．

② 中央财经领导小组办公室．邓小平经济理论学习纲要[M]．北京：人民出版社，1997：146．

③ 邓小平文选：第三卷[M]．北京：人民出版社，1993：275．

④ 中共中央文献研究室．邓小平年谱（1975—1997）[M]．北京：中央文献出版社，2004：82．

⑤ 邓小平文选：第二卷[M]．北京：人民出版社，1994：333．

党的第二代中央领导集体特别注重环境立法要适应社会发展，做到与时俱进。1978年12月，邓小平在中共中央工作会议上明确指示，要集中力量制定各方面的法律，于是80年代成为我国环境立法的黄金期。1979年9月，我国颁布首部综合性的环境保护基本法——《中华人民共和国环境保护法（试行）》，以法律形式确定了我国在环境保护方面的基本方针、任务和政策。之后，在此基础上又陆续颁布海洋环境保护法（1982年）、水污染防治法（1984年）、大气污染防治法（1987年）等环境保护的法律，以及森林法（1984年）、草原法（1985年）、渔业法（1986年）、土地管理法（1986年）、水法（1988年）、野生动物保护法（1988年）等多部自然资源保护和管理的法律。1989年12月26日，《中华人民共和国环境保护法》审议通过，取代之前的法案，成为我国环境保护法治建设道路上的重要里程碑。

最后，治理实践的渐次展开。十一届三中全会以后，环境保护工作虽然不是全党的工作重点，但是党中央对环境问题予以高度重视，开展了一系列卓有成效的生态实践。其一，规模化地推进绿化祖国。邓小平十分重视植树绿化行动，并且身体力行，常年参与义务植树以动员广大人民积极行动。此时，绿化祖国不仅是全社会的义务植树，更包括以政府为主导的规模性、系统性的工程。为了改善我国的生态环境，国务院在1978年11月批准实施三北防护林体系建设工程，在西北、华北、东北西部大力推进人工造林，设计打造带、片、网相连的系统体系。这项世界上最大的人工造林工程，途经13个省（自治区、直辖市）的551个县（旗、区、市），规划用73年，共8期工程完成。此后，我国政府又陆续启动太行山绿化、沿海防护林体系、长江中上游防护林体系等大规模绿化工程。其二，成立直属国务院的独立环保机构。20世纪80年代，环保部门的多次改革升级体现了党中央对环境问题的高度重视。1982年5月，第五届全国人大常委会第二十三次会议决定将国务院环境保护领导小组办公室与国家建委等部门合并，组建城乡建设环境保护部，部内设立环境保护局。1984年5月成立国务院环境保护委员会，委员会主任由副总理兼任。同年12月，环境保护局升级为国家环境保护局。1988年7月，中央决定将环保工作与城乡建设工作一分为二，国家环境保护局独立建制。其三，科学筹划大规模水利工程。作为农业大国，水利工程对积极改造自然环境、促进我国农业生产以及维护社会稳定具有深远影响。在中央的支持和规划下，葛洲坝水利枢纽第二期工程于1982年开工，1988年年底建成，加上一期工程，雄伟壮观的葛洲坝水利枢纽工程历时18年终于竣工。邓小平还实地勘察三峡，多次组织水利、电力专家对三峡建设进行论证，为建成三峡水利枢纽工程奠定了良好基础。其四，重视环保的宣传教育工作。在邓小平的推动下，国务院环境办公室在1981年提出把环境教育工作作为培训干部的重要内容，并在秦皇岛设立了环境管理干部学校。1990年，国务院要求宣传教育部门把环境保护的宣传教育列入计划。1991年，我国第一份探讨人口、资源、环境与经济建设之间关系的学术期刊——《中国人口·资源与环境》创刊，邓小平亲笔题写刊名。

（三）快速发展阶段：统筹经济发展与环境保护（1992—2012）

党的十四大至十八大之间的二十年是中国特色生态治理模式快速发展和加速形成的重要时期，党和国家顺应改革开放不断深入和全球化不断加快的历史潮流，对中国生态环境问题的紧迫性和重要性有了更为深刻的认识。从“生态保护”“生态建设”“生态意识”等词频繁出现在领导人的讲话中到2003年中央9号文件“生态文明”首次出现在中央文件中，再到党的十七大报告首次提出建设生态文明，党和国家对生态环境问题愈发重视。就理论认知、法制建设和实践开展三个方面而言，这一时期也有了显著的发展和完善。

1.在理论认识上开始形成较为完善的生态认知

经济发展要有科学规划和长远目光，既不能躺在前人基础上“啃老”，也要为后人的发展留下充足的生态余量，这要求我们实现经济社会的可持续发展。1992年，时任国务院总理李鹏签署了旨在把可持续发展理念推向全球行动的《21世纪议程》，回国后主持国务院制定中国的《21世纪议程》，于1994年国务院第16次常务会议通过，拉开了中国实施可持续发展战略的序幕。党的十五大把可持续发展战略确定为现代化建设中必须实施的战略，“十五”发展计划把人口控制、资源管理和环境保护作为重点工作，并将实施可持续发展战略规定为关系中华民族生存和发展的长远大计，再一次提升可持续发展战略的重要地位。社会的进步和人民需要的变化进一步扩充和丰富了小康社会的内涵和追求，“增强可持续能力，促进人与自然和谐”被提上日程。江泽民在海南考察时提出：“破坏资源环境就是破坏生产力，保护资源环境就是保护生产力，改善资源环境就是发展生产力。”[①]这一科学论

① 中共中央文献研究室．江泽民论有中国特色社会主义[M]．北京：中央文献出版社，2002：282．

断抓住了生态环境的积极特性和价值本质，是对经济发展与环境保护之间关系的重大创新和发展。

迈入21世纪以后，我国现代化建设不断加快，生态环境需要承受更为迅速的经济发展带来的压力。面对日趋严峻的生态形势，以胡锦涛为总书记的党中央提出要坚持科学发展观，明确指出要大力推进生态文明建设。科学的发展观决定了科学的生态观，科学发展观的确立为生态治理提供了重要的思想指导：其一，科学发展观决定了生态治理的根本追求是人与自然的和谐共生。以人为本是科学发展观的核心，“增长并不简单地等同于发展……不重视人与自然的和谐，就会出现增长失调从而最终制约发展的局面”[①]，人是发展的根本目的，也是发展的根本动力。其二，科学发展观决定了生态治理的根本方式在于转变经济发展方式。产业结构不合理、劳动者素质偏低以及粗放的增长形式，既是阻滞经济发展的桎梏，也是激化人地矛盾、资源危机的重要因素。科学发展观的第一要务是发展，要求以客观规律为准绳，通过不断革新发展方式，呈现出发展效率和速率的双重提升以实现经济社会的健康发展。其三，科学发展观决定了生态治理的重要抓手在于建设“两型社会”。生态治理不仅需要实现经济发展方式的转变，还需要具体落实到每一个组织、企业、个人的行动中去。所以，党中央提出“两型社会”的美好构想，强调“以节能、节水、节地、节材、能源资源综合利用和发展循环经济为重点，把节约能源资源工作贯穿于生产、流通、消费各个环节和经济社会发展各个领域”[②]。

2.逐步形成立法、执法、普法相结合的法律体系

在可持续发展战略思想和依法治国基本方略的指导下，水土保持、节约资源被相继确定为基本国策，法律制度建设进一步完善，环境保护工作进入崭新阶段。一是完善立法，使环境保护工作有法可依。我国在已有法律建设的基础上陆续完成了水污染防治法、森林法等多部法律的修订工作，并且将法律约束延伸到更多环境保护和能源节约的领域中，审议通过固体废物污染环境防治法（1995年）、煤炭法（1996年）、环境噪声污染防治法（1996年）[③]、防洪法（1997年）、节约能源法（1997年）、防沙治沙法（2001

① 十六大以来重要文献选编：上[M]．北京：中央文献出版社，2005：483．

② 胡锦涛．把节约能源资源放在更突出的战略位置 强调加快建设资源节约型、环境友好型社会[N]．人民日报，2006-12-27（01）．

③ 该法已废止。2022年6月5日起，《中华人民共和国噪声污染防治法》施行。

年）、清洁生产促进法（2002年）、可再生能源法（2005年）、循环经济促进法（2009年）等多部法律，形成涉及经济发展与环境保护、末端治理与前端防治的，更为完备系统的法律体系。这一时期的法律制定和修订极大体现了社会发展的新需要和新动向，为促进经济和社会可持续发展和建设"两型社会"提供了坚实的法律保障。二是严格执法，真正发挥法律的权威作用。江泽民强调，要"加大对资源保护和合理利用的执法监察力度。对于违法审批、处置、占用土地和其他资源的，都要依法查处"①，尤其是领导干部要带头学法懂法，不知法犯法，要支持和监督执法，不干预和阻碍执法。三是积极普法，让法律意识和生态意识在全社会落地生根。法律的作用对象是全体人民，全社会知法守法、尊法尚法是强化法治作用和提升法治效果的重要保障，"全社会都严格依法办事，是做好人口、资源、环境工作的重要保证"②，因此普法工作具有重要意义。

3.开展更加广泛、更加系统的国内国际生态实践与合作

这一时期我国生态治理处于快速推进阶段，在党中央的领导下，全国人民上下一心，开展了更为系统的、全面的、深入的生态实践。

其一，启动多样化的大规模生态工程。这一时期的系统工程在延续植树造林工程的基础上，开始向更多领域拓展。经过两年试点，2000年10月国家正式启动了天然林资源保护工程，以解决天然林休养生息和恢复发展问题，实现林业资源、经济和社会的协调发展。1999年，四川、陕西、甘肃3省率先开展试点，2002年全面启动退耕还林工程，以期从根本上改善我国生态恶化的状况。2001年6月启动中国野生动植物保护及自然保护区建设工程，主要解决物种、自然、湿地等保护，以确保生态平衡。2002年启动京津风沙源治理工程，以缓解首都及周围地区的风沙危害，改善人们的生存环境。其二，深化行政体制改革。这一时期，环境保护部门再度改革升级，以应对日趋严峻的生态形势。1998年6月，国家环境保护局升级为环境保护总局。2008年7月，撤销原先国家环境保护总局，在国务院下设环境保护部。其三，将科技作为生态治理的重要手段。利用科学技术进行环境治理的思想在邓小平时期就已萌生，在江泽民、胡锦涛时期得以继承和发展。江泽民指出："要依靠科技提高资源利用率，节约耕地，保护环境，坚持

① 江泽民文选：第三卷[M]．北京：人民出版社，2006：465．
② 江泽民文选：第三卷[M]．北京：人民出版社，2006：468．

可持续发展。”[①]胡锦涛提出：“大力加强生态、环境领域的科技进步和创新……加快治理环境污染和促进生态修复，保护生物多样性，遏制生态退化现象。”[②]1997年6月，科技部组织实施国家重点基础研究发展计划，即“973计划”，旨在提高自主创新能力和解决重大问题的能力，农业、能源、资源环境、人口健康等成为重要研究领域。其四，加强同国际社会的生态交流与合作。国际交流与合作是历史趋势和现实需要，也是这一时期生态治理的鲜明特点。环境保护、减灾救灾、禁绝毒品、预防犯罪等是全人类面临的共同难题，“这些全球性问题的逐步解决，不仅要靠各国自身的努力，还需要国际上的相互配合和密切合作”[③]。在此过程中，中国积极履行相应责任，密切与国际社会的交流合作，例如1992年6月，时任国务院总理李鹏签署《联合国气候变化框架公约》，我国成为缔结此公约首批成员之一。1998年5月，中国签署《京都议定书》，并于2002年核准该协议，成为应对全球气候变化的积极推动者。其五，积极转变经济发展方式。经过多年探索，党中央更加坚定地认识到，生态环境问题归根到底是经济发展方式的问题，并在实践中积极寻求改变。2005年10月，国家发展和改革委员会联合环保总局等6个部门选择了钢铁、有色、化工等7个重点行业的43家企业，再生资源回收利用等4个重点领域的17家单位，13个不同类型的产业园区，进行第一批循环经济试点，以探索循环经济发展模式，推动建立资源循环利用机制。2007年12月，武汉城市圈和长株潭城市群被国家确定为“两型社会”综合配套改革试验区，探索以城市群为依托的全新模式。2010年9月，经地方申报和沟通研究，广东、辽宁、湖北、陕西、云南五省和天津、重庆、深圳、厦门、杭州、南昌、贵阳、保定八市成为第一批低碳试点区域，积极探索低碳绿色发展模式。

（四）基本形成阶段：确立习近平生态文明思想（2012年至今）

党的十八大是中国特色生态治理模式的重要时间节点，党中央在总结继承过去思想结晶和实践经验的基础上有了新的发展。在思想理论方面，党中央继续深化人与自然互动规律和社会发展规律的认识，形成了立意高远、内涵丰富、科学辩证的习近平生态文明思想，为生态实践提供了重要的思想

① 江泽民文选：第二卷[M]．北京：人民出版社，2006：119．

② 中共中央文献研究室．十六大以来重要文献选编：中[M]．北京：中央文献出版社，2006：116．

③ 江泽民文选：第一卷[M]．北京：人民出版社，2006：480．

指引。在法治建设方面，进一步完善法律制度的同时健全生态治理的基础性制度，构建生态治理体系的“四梁八柱”。在生态实践方面，开展了一系列卓有成效的治理实践，初步扭转生态环境恶化的趋势，生态环境状况持续好转。

首先，在思想理论方面，形成和确立习近平生态文明思想。任何科学理论或者思想体系的形成都需要经历一个过程，都是多方面的因素共同作用的结果，习近平生态文明思想是个人情怀与时代需要共同作用、个人智慧与集体智慧相互融合的思想结晶。从扎根梁家河，经历七年艰苦而有意义的知青岁月起，为百姓做实事、改善人民生活水平的种子就已经在习近平总书记的心中萌芽。从主政地方到执政中央，以习近平同志为核心的党中央准确把握历史大潮和时代需要，高举生态文明大旗，为满足人民群众日益增长的美好生活需求和建设美丽中国而不懈奋斗。2018年5月，第八次全国生态环境保护大会在北京举行，会议正式确立习近平生态文明思想。与可持续发展战略和科学发展观等蕴含着生态思想不同，习近平生态文明思想是我们党历史上第一个专门针对生态环境问题的独立系统的理论成果。习近平生态文明思想站位高远，以科学的眼光和思维分析了自然生态与人类文明、经济发展与环境保护、代内利益和代际利益、国内治理与全球治理的辩证统一关系，从生态自然观、绿色发展观、生态民生观、生态系统观、严密法治观、全民行动观、全球共赢观等多个角度展示了其系统而丰富的内涵。习近平生态文明思想从理论认识、思维方法以及实践路径等方面实现了对过往生态治理的科学总结和全面创新，把我们党对生态规律以及经济社会发展规律的认识提升到新的高度，不仅丰富发展了马克思主义生态文明观，而且为进一步推进生态治理提供了重要的方法指导和价值指引，是我国生态治理历程中极其重要的里程碑，标志着中国特色生态治理模式的基本形成。

其次，在法治建设方面，搭建和完善生态治理体系的“四梁八柱”。党的十八届四中全会提出“建设中国特色社会主义法治体系”，十三届全国人大一次会议将宪法序言“健全社会主义法制”修改为“健全社会主义法治”，从“法制”到“法治”，一字之差，既顺应了全面依法治国战略布局的精神和要求，也体现了治理理念的转变，由静态制度向动态治理转变，由有法可依向良法善治转变。生态治理的法治体系的健全和完善主要体现在两个方面：一方面，十八大以来，全国人大常委会新制定环境保护税法、长江保护法、生物安全法以及修订环境保护法、矿产资源法、森林法、草原法等在内的数十部法律，进一步织密生态治理的法律之网。另一方面，加强生态治理制度创新，填补基础性制度空白。《生态文明体制改革总体方案》提出健全自然资源资产产权制度、国土空间开发制度、资源有偿使用和生态补偿制度等八项制度。此外，中央生态环境保护督察制度、排污权交易制度、自然资源资产离任审计制度等多方位的基础性制度都是健全我国生态治理制度体系的重要顶层设计。

最后，在治理实践方面，开展和引领卓有成效的国内国际生态实践。以人民为中心是我们党开展生态治理实践的重要准则和根本遵循，习近平总书记曾反复强调要优先解决损害群众健康的突出环境问题，细颗粒物、饮用水、土壤、重金属、雾霾、农村厕所和污水、秸秆乱烧、农产品安全等成为党和国家时刻牢记的头等大事。为此，党和国家先后制定实施“大气十条”“水十条”“土十条”“农村人居环境整治三年行动”等环境治理措施，并取得显著成效。除此之外，我国秉持人类命运共同体理念，肩负发展中大国的历史责任，积极参与应对全球气候变化，通过绿色丝绸之路、气候变化南南合作基金等平台或机制为全球生态治理贡献中国智慧和中国力量，坚定充当全球生态治理的参与者、贡献者、引领者。

综上所述，党的十八大以来，中国特色生态治理迎来诸多重要第一次，党的报告第一次将生态文明建设独立成篇，第一次提出“生态产品”的概念，第一次提出“推进绿色发展、循环发展、低碳发展”以及“建设美丽中国”，再次提升生态文明建设的高度，第一次提出构建“五位一体”的总体布局。总之，中国特色生态治理迈上新台阶，将制度优势和中国特色展露无遗，正如时任生态环境部部长李干杰所说：“当前，中国特色的生态环境治理模式已基本形成，对环境违法行为保持最严格的执法督察高压态势，环境质量明显改善。”[①]尤其需要强调的是，伴随着系统独立且内涵丰富的习近平生态文明思想的形成确立，生态法治建设更加完善且趋于成熟定型，治理实践方面发生了历史性、转折性和全局性变化，可以说，中国特色生态治理模式基本形成，并正在向更加成熟和最终形成的阶段发展。

---

① 李干杰．中国特色的生态环境治理模式基本形成[N]．科技日报，2017-12-12（01）．

第二章

中国特色生态治理模式的理念阐析

理念是行动的先导，一定的发展实践都是由一定的发展理念来引领的。[①]对于生态治理模式这类实践产物而言，在尚未形成之前人们就已经在脑海中对其进行了想象层面的把握，这正是“最蹩脚的建筑师”比“最灵巧的蜜蜂”的高明之处，而理念便形成于这想象的过程之中。理念之于模式，犹如大脑之于人体，它影响着实践模式为何产生、如何作用等基础性规定，对实践模式具有重要的指引和向导作用。

第一节　治理模式的理念：价值、规律、情境的综合集成

理念的重要性不言自明，就其本身而言，理念则是一个使用有余而释义不足的概念，它被广泛运用在日常生活或者学术研究等不同场景中，如“经营理念”“执政理念”“绿色发展理念”，但是其内涵界定仍是一个见仁见智的问题。从模式的角度出发，模式是人工造物的产物，而理念就是造物活动的向导，是先于人工物存在于人们思想中的关于未来事物总体特征的思想观念。这里需要指出的是，理念较之于实践模式的先在性绝不是简单的时间先在，而是具有内在密切联系和相互影响的逻辑先在。尽管理念形成于实践过程或者实践活动之前，但它要以人们已有的经验和知识为基础；尽管理念不以直接的经验对象为前提，但它脱离不了人类在实践经验基础上形成的知识体系和经验序列。[②]就生态治理模式而言，人们对自然环境和社会发展的客观知识掌握得越丰富，对生态治理要达成的价值追求理解得越透彻，对客

---

① 习近平．在党的十八届五中全会第二次全体会议上的讲话（节选）[J]．求是，2016（1）：3—10．

② 王宏波．社会工程学导论[M]．北京：科学出版社，2021：119.

观时空条件和历史条件研判得越准确，在此基础上建构的理念自然也就越科学合理，也就越能成功地指导模式的形成和实践活动的展开。

在理念建构过程中，必须综合考虑价值、规律、情境三个要素，每一个要素集合中又包含若干子要素，三类要素的不同取值都可以综合集成，从而构成模式理念塑造的三维选择空间，如图2-1所示。其中，规律要素体现了理念建构的可能性，价值要素体现了理念建构的必要性，但是“可能性+必要性≠可行性”，理念的可行性及其程度取决于与模式运行相关的各种条件，即情境要素。规律与价值相互规定、相互映射，并且有机统一于情境条件，任何理念塑造或者模式设计都是具体的，超越了特定的条件，规律无法发挥作用，价值追求将变成水中捞月，规律和价值的统一也就将失去现实基础。所以质言之，模式理念是模式设计主体对多样化的价值、规律和情境因素进行综合集成的结果。[①]绿色发展理念、人与自然生命共同体理念等，都鲜明体现了价值、规律、情境相互作用的内在要求与原则。

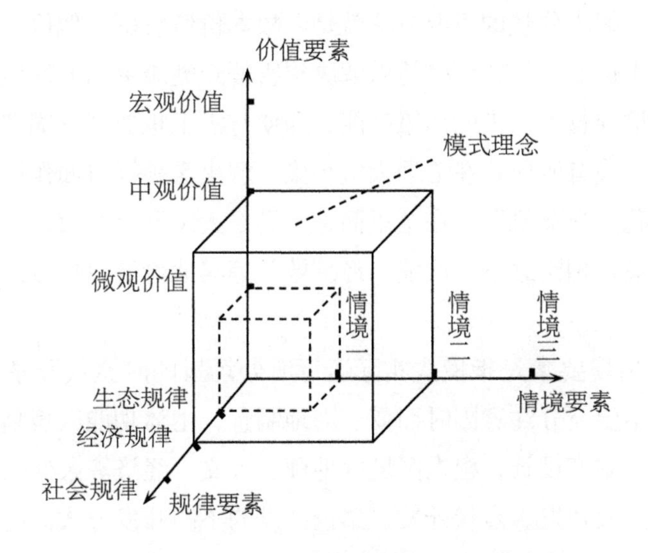

图2-1　模式理念综合集成的选择空间和基本要素

其一，规律要素是指生态规律、经济规律、社会规律等客观知识。与动物片面的、受直接肉体需要支配的生产不同，人的生产是全面的，是真正的生产，“人懂得按照任何一种尺度来进行生产，并且懂得处处都把固有

① 王宏波．社会工程学导论[M]．北京：科学出版社，2021：123.

的尺度运用于对象；因此，人也按照美的规律来构造。”[①]所谓“固有的尺度”“美的规律”，指明人必须遵循每一物种被自然赋予的内在规定性去改造自然界，即自然所蕴含的生态规律。生态规律在规律集合中居于基础性的制约地位，因为，“自然规律是根本不能取消的”[②]，任何“不以伟大的自然规律为依据的人类计划，只会带来灾难。”[③]生态治理过程中要充分认识并肯定生态规律的基础性地位和作用，强调宁要绿水青山，不要金山银山；坚持发展是党执政兴国的第一要务，但必须是遵循自然规律的可持续发展，必须是人与自然和谐共生的现代化；只有以生态规律作为改造自然的根本遵循，才能在实践活动中牢牢守住生态底线，从而避免滑向破坏自然、危及自身的无尽深渊。

其二，价值要素是指人们在评价社会活动时所使用的评价准则体系。模式理念符合评价准则，则说明模式理念具有价值性，而且能够为接下来的模式设计提供正确的方向指引。不同的价值追求代表不同的方向，在价值取向存在差异时，解决分歧的重要方法就是以根本价值统御其他价值，使其他价值让位于根本价值。例如要坚持以解决损害群众健康突出的环境问题为价值追求，对于群众意见很大的污染产能，即使有需求也要“一锅端”，真正做到民有所呼，我有所应；在治理大气污染、解决雾霾等方面作出贡献的，也可以“挂红花、当英雄”。在这里而言，满足人民群众对美好生活环境的需要是根本价值，相比之下，产能、经济效益等其他价值目标必须服从和让位于它。

其三，情境要素是指模式实际运行所处场景的时空展开条件总和。生态治理过程中要充分注意因时而变、因地制宜，主体功能区规划是情境要素制约下典型的制度设计，根据区域内地理、人文、经济等条件的不同而采取优化开发、高效开发、点状开发、禁止开发的不同开发方式。此外，城乡时空条件的差异也导致生态治理模式设计的差异，农村生态治理绝不能照搬城市，要“充分体现农村特点，注意乡土味道，保留乡村风貌，留得住青山绿水，记得住乡愁”[④]。

---

① 马克思恩格斯选集：第一卷[M]．北京：人民出版社，2012：57.

② 马克思恩格斯选集：第四卷[M]．北京：人民出版社，2012：473.

③ 马克思恩格斯全集：第三十一卷[M]．北京：人民出版社，1972：251.

④ 坚决打好扶贫开发攻坚战　加快民族地区经济社会发展[N]．人民日报，2015-01-22（01）.

第二节　中国特色生态治理模式的价值取向

价值取向源自价值哲学，主要指主体在面临价值分歧甚至是价值冲突时表现出来的基本判断和选择。由于不同主体的知识体系、利益结构、政治立场、价值观念等存在差异，在处理分歧和冲突时所持的评价准则也不尽相同，自然也就形成了多种价值取向。能否有效处理生态治理过程中存在的诸如生态效益与经济效益、市场主体与政府主体之间的价值分歧，是考量生态治理模式的重要指标。中国特色生态治理模式的价值取向是治理主体对生态治理所要谋求的价值目标的径直表达，集中体现了治理主体的目标、利益、意志，它是生态治理模式理念建构的重要驱动力，更是生态治理模式生成和发展的出发点和落脚点。

（一）生态效益与经济效益相统一

所谓经济效益，是指在生产过程中投入与产出的比较，经济效益高意味着成本支出少、产出成果多，这对经济社会的整体发展具有重要意义。所谓生态效益，可以理解为人类社会价值创造与资源消耗以及对整个生态系统所产生影响的比较。不难看出，生态效益要求从生态和经济两个维度去衡量人类的价值创造活动，关乎人类社会发展的本质性利益和长期性利益。长久以来，生态效益和经济效益总是以矛盾的形式存在于人类社会的现代化进程中，高经济效益与低生态效益相伴而行，要想获得较高的经济效益，势必要以一定的资源和环境为代价，如此一来，当人类过于追求经济效益时，生态环境势必沦为牺牲品，生态效益也就根本无从谈起。从理论上讲，即使承认生态效益与经济效益是矛盾的，但矛盾是对立统一的，因而生态效益与经济效益也绝非只能表现为非此即彼的对立关系，应当也存在统一状态。在以往的实际生产过程中，生态效益和经济效益往往表现为不可兼得，主要是人类实践活动或者价值创造的指导理念相对滞后，在人类对自然最初胜利的惯性思维影响下，自然被长期置于利用对象、发展工具的角色位置上，又由于市场化、全球化的竞争机制的作用，人们往往以经济效益最大化为目标，从而漠视或无视生态效益。

在处理生态效益与经济效益的关系问题上，中国也曾经出现暂时性错误。新中国成立初期，在赶超型发展战略指导下，征服自然、人定胜天的口号和思想适时而生，在实际生产中，毁林开荒、大炼钢铁等实践活动大规模兴起，加上技术水平落后，工业生产出现污染密集的重化工趋势，客观上确实给自然环境造成了较大危害。但是随着发展理念的革新和生态意识的觉醒，党和国家逐渐认识到生态效益和经济效益的内在统一性，并且自觉将生态效益视为经济社会发展的内在要求。例如在推进西部大开发过程中，考虑到西部生态环境的脆弱性和敏感性，党和国家强调，要努力提高经济效益，同时在开发和建设中要高度重视社会和生态效益。[①]胡锦涛强调，大力发展循环经济，促进自然资源系统和社会经济系统良性循环，[②]是促进社会主义和谐社会建设的重点工作之一。习近平总书记强调，绿水青山和金山银山决不是对立的，关键在人，关键在思路。[③]在这里，总书记以绿水青山和金山银山的生动比喻和质朴语言直接阐明了生态效益与经济效益的内在关系以及二者何以统一的关键，“关键在人”“关键在思路”实则就是指要最大程度激发人的主观性和创造性，通过理论认知和指导理念的转变来变革经济发展的思路和方式，在实际生产过程中以更加创新的方式和更加切实的行动将经济效益与生态效益的有机统一落到实处，而不是停留在口号宣传上。

（二）市场主体与政府主体相协调

简单来说，经国家批准进入市场，从事生产经营等活动的个人或组织，称为市场主体。市场主体是经济发展的基本单元，是活跃市场经济的中坚力量，反过来，积极的宏观政策和完善的经济体制也将进一步释放市场主体的活力，促进各类市场主体竞相发展。截至2019年年底，我国已有市场主体1.23亿户，其中企业3858万户，个体工商户8261万户。[④]这些市场主体在推动经济增长、保障民生就业、促进技术进步等方面作出了重要贡献。可以说，市场主体是生产力的承载者，是物质财富的创造者，是科技进步的引领者，更是稳就业的“顶梁柱”、经济增长的“发动机”。[⑤]与市场主体相对应的是政府主体，市场与政府的角色定位和相互关系一直是我国经济发展的重要命题，从计划经济到市场经济，我国实现了社会经济活动主体由政府向市场转变，经济活动调节机制由行政指令支配向市场客观规律转变，在正确处理市场主体与政府主体关系基础上形成了具有中特色的社会主义市场经济体制，这极大释放了市场经济的内在活力，同时充分发挥了政府的宏观调控

① 江泽民．论社会主义市场经济[M]．北京：中央文献出版社，2006：535．

② 胡锦涛．论构建社会主义和谐社会[M]．北京：中央文献出版社，2013：64．

③ 习近平关于社会主义生态文明建设论述摘编[M]．北京：中央文献出版社，2017：23．

④ 习近平．在企业家座谈会上的讲话[N]．人民日报，2020-07-21（02）．

⑤ 保市场主体就是保社会生产力 保护和激发市场主体活力[N]．人民日报，2020-07-24（02）．

作用，推动了我国经济的快速腾飞。

生态环境是最大的公共产品，它的“生产”与“供给”以公共利益为基点，而非利润，所以有别于一般经济活动，生态环境公共产品的供给或者生态治理的实践活动不能完全按照市场规则进行调节。从市场盈利角度来说，市场以获取利润为目的，生态治理相关产业往往投资规模大、回报周期长，加上生态治理本身的复杂性和艰巨性，市场主体常常望而却步，很难积极主动地投入生态治理的相关产业中；从生态治理角度来说，清退落后产能、关停污染企业在短时间内将会放缓经济增长，加上生态治理需要投入大量人力、物力、财力，无疑将大幅增加企业的生产成本，这与市场的营利目的也是背道而驰的。但我们必须清楚地认识到，企业生产是环境污染的重要来源，从整体的社会效益和生态效益角度考量，在生产源头进行污染防治比过去传统“先发展、后治理”或者“边发展、边治理”的方法更加科学合理并且具有可持续性。面对市场主体进行生态治理的必要性和内在动力不足的矛盾，政府主体在充当监管和服务的角色之外，需要更多地发挥引领和垂范的作用，例如政府通过制定合理的产业政策对生态治理的相关产业或企业进行精准扶持、国有企业凭借自身优势发挥示范带动作用、政府引领建立和完善碳汇交易市场机制，这些都有利于进一步促进市场主体与政府主体相协调，充分发挥市场主体与政府主体的优势和功能，从而在政企良性互动中推进生态治理纵深发展。

具体而言，有效市场和有为政府的良性互动拓展经济绿色低碳转型的现实空间。一方面，以有效市场在资源配置中的决定性作用为经济绿色低碳转型充沛动能。随着经济体制改革和环境治理实践的深入，经济绿色低碳转型已然成为主流趋势，实践中业已出现新的变化，低碳经济、循环经济、生物经济等竞相生长，产品类型由实物资源交易向碳排放权、排污权、用能权等虚拟环境权益交易拓展丰富，产业布局由制造业向金融业、服务业拓展优化。在此背景下，碳排放配额、林业碳汇、海洋碳汇、农业碳汇等环境权益交易服务平台纷纷试点并投运，文旅度假、休闲康养等生态服务产业得到长足发展，绿色信贷、绿色债券、绿色股票、绿色保险等绿色金融工具应运而生。据统计，我国绿色信贷规模稳步增长，从2013年末的5.2万亿元，增长至2020年末超过11万亿元，居世界第一位[①]，在帮助解决绿色产业融资问题的

---

① 白暴力．大力推动我国生态经济建设[J]．红旗文稿，2021（22）：31—33．

基础上引发集聚效益，为企业绿色科技创新以及整体产业的绿色转型提供了有效的金融支撑。实际上，无论是环境权益交易，还是绿色金融产品，其运转基础归根究底在于市场机制，绿色低碳经济本质上仍然是市场经济，必须让市场在资源配置中发挥决定性作用，这是市场经济的一般规律，也是推动经济绿色低碳转型所必须遵循的内在规定。也唯有如此，才能充分实现产权有效激励、要素自由流动、价格反应灵活、竞争公平有序、企业优胜劣汰，引导资源利用最优化和投入产出最大化，进而从内部澎湃经济绿色低碳转型的强劲动能。

另一方面，以有为政府推进宏观经济治理体系现代化为经济绿色低碳转型保驾护航。“十四五”规划指出“推动有效市场和有为政府更好结合”，这是处理政府与市场关系的正确指引和根本遵循。之所以强调二者的更好结合，就是希冀以政府作用弥补市场机制的先天缺陷，克服资本野蛮生长、供给需求失衡、自然价值空场、市场竞争无序等问题。与此同时，通过建构有利的财税、金融、价格等政策框架和标准体系，为经济的绿色低碳转型创造良好的外部环境和政策支撑。“有为政府”是相对于“无为政府”“乱为政府”“全能政府”等而言的，强调政府在资源配置和经济调控中的适度作为。过去，我们通常用“宏观调控”来表示政府作用，党的二十大报告强调“健全宏观经济治理体系，发挥国家发展规划的战略导向作用”，经济绿色低碳转型正是国家在新的历史条件下所做的重要规划，它需要充分发挥政府作用以科学谋划和稳步推进。同时，从“调控”到“治理”，意味着政府对经济的适度作为被纳入国家治理体系和治理能力的整体之中，包含深刻的制度化、法治化、系统化的意蕴。经济绿色低碳转型作为市场经济的新增长点，蕴含巨大潜力的同时面临诸多挑战，需要旨在提升政府经济治理思维和能力的深刻变革为其保驾护航，而政府这场“自我革命”的关键在于进一步深化“放管服”改革。具体而言，一是以“真放权”放出活力。政府在经济实践中不断理清与市场的边界，优化政府的职能体系，从绿色低碳经济的市场主体需求出发，用减政府权力的“痛”换企业办事的“爽”，充分释放主体的活力与创造力。二是以“真心管”管出质量。以制度性手段构建绿色低碳经济市场管理和监督体系，通过建立健全自然资源资产产权、企业环境信用等基础性制度，为自然要素市场化配置、生态资源高效化利用、环境权益规范化交易等提供了有力的支撑。三是以“真服务”服出效益。政府服务兼顾效率与质量，通过互联网、大数据、云平台等智能手段加强数字技术赋能助企纾困，加快实现绿色核算业务“跨域通办”“一网通办”等，为经济绿色低碳转型营造了有利的外部环境。

（三）环境代内公正与代际公平相兼顾

环境代内公正问题源于环境正义问题。在20世纪后半叶的美国，随着环境污染物与低收入者或少数族裔等社会弱势群体在空间分布上的相关联系被发现，环境正义（Environmental Justice）概念应运而生。时至今日，学术界对环境正义虽然依旧见仁见智，但是可以肯定的是，环境正义的内涵和外延得到一定的深化，研究内容逐渐延伸到代内、代际、社会正义等多方面。[①]作为环境正义研究的早期阵地，美国本身存在严重的环境不公正现象，Maureen G.Reed和Colleen George的研究表明，少数族裔以及底层穷人群体在污染治理和生活设施的分布上存在着严重的种族偏见。[②]Mary Finley-Brook和Erica L. Holloman研究了美国能源转型与环境不公正的双向关系，环境不公正促使能源转型而能源转型反过来却助长了环境不公正。在此基础上他们认为，如果普遍的公共投入不足，或者政策制定向精英或企业倾斜，那么低收入者或有色人种群体将会成为美国能源转型的受害者。[③]不同于美国代内环境不公正，习近平总书记提出环境民生论、生态福祉论等论断，强调以全民共有共享为生态文明建设的价值诉求。不仅如此，党和国家还将生态理念融入反贫困事业中，努力将生态优势转化为发展优势，积极创新生态扶贫机制，在老少边穷等贫困地区探索走脱贫攻坚与生态文明的双赢之路。

环境代内公正之外，环境代际公平也是中国特色生态治理的重要价值取向。生态治理是一项功在当代、利在千秋的系统工程，必须以立足长远的战略思维和可持续发展的理念去统筹和规划，充分认识其长期性和艰巨性，在满足当代人的需求基础上要确保优美生态环境的代际传递。早在新中国成立初期，党和国家便深谙其道，刘少奇在考察黑龙江省林区时强调：“林业建设要有共产主义思想。我们林业建设不仅是为了当前，更重要的是为了将来，为了子孙后代，也是为了共产主义明天。”[④]江泽民在阐述社会主义现代化建设中的重大若干关系时指出，不仅要安排好当前的发展，还要为子孙

① 薛勇民，张贝丽．论岩佐茂的环境正义思想[J]．科学技术哲学研究，2020（1）：98—103．

② Maureen G.Reed, Colleen George. Where in the world is environmental justice?[J]. Progress in Human Geography, 2011,35(6): 835−842.

③ Mary Finley-Brook, Erica L. Holloman. Empowering Energy Justice[J]. International Journal of Environmental Research and Public Health, 2016,13(9):926.

④ 中央文献研究室，国家林业局，编．刘少奇论林业[M]．北京：中央文献出版社，2005：147．

后代着想，决不能吃祖宗饭、断子孙路，走浪费资源和先污染、后治理的路子。[①]总结来说，环境代内公正代表着族际、省际、区际之间的横向公平性，无论民族、地域、知识背景、经济状况等，每个人都有平等权利享受良好生态环境和优质生态产品。环境代际公平代表着世代之间的纵向公平性，当代人及其祖先后代都对生态环境享有平等的权利。从本质上讲，环境代内公正和代际公平是社会主义本质要求在生态领域的延展和体现，在社会主义制度之下，生态治理的价值追求不是一人一时享受良好生态环境，而是要让世世代代最广大的人民群众生活在绿水青山之中。

第三节 中国特色生态治理模式的规律遵循

规律是事物运动发展过程中的本质联系，其不以人的意志为转移的特性要求人类实践活动必须以规律作为根本遵循。人类社会和自然生态是密切联系、相互影响的共生系统，生态治理的本质在于处理协调人与自然之间的关系，将二者的关系从紧张对立逐渐复归于和谐共生。因此，生态治理过程中不仅要遵循生态的内在运行规律和人类社会发展的基本规律，还要注意对人与自然逻辑关系演进规律的把握，其中，自然生态系统的内在运行规律是更为深层的制约性规律，因为人类社会是建立在自然生态系统之上的，如果自然生态系统发生紊乱甚至遭受破坏，人类社会终将难以为继。

（一）生态系统内在的运行规律

在地球诞生的数十亿年里，生态系统不断演进变化，逐渐形成了由动植物、微生物等生命体和阳光、空气、土壤等非生命物质共同构成的相对稳定的、紧密联系的有机整体，而人类不过是整个生态体系中的一个环节。若把地球的历史浓缩成一天24小时，1秒大约相当于5万年。如果地球在午夜零点诞生，那么，生命大约起源于凌晨5点，……，而人类的祖先差不多直到11点56分才浮出水面。[②]可以看到，人之于自然是渺小的，是部分的。自然生态先于人类而存在，是人类以及人类社会发展的必要根柢，其内在的运行规律理当成为生态治理的实践准则。2021年4月，习近平总书记在出席领导人气候峰会时强调，要按照生态系统的内在规律，统筹考虑自然生态各要素，从而达到增强生态系统循环能力、维护生态平衡的目标。在生态治理

① 江泽民文选：第一卷[M]．北京：人民出版社，2006：464．

② 吴国盛．科学的历程[M]．长沙：湖南科学技术出版社，2013：63．

过程中，用生态系统的内在规律指导实践活动时最重要的是要做到因地制宜和保护优先。这如何理解呢？以国土绿化为例，一方面，因地制宜强调有针对性地进行国土绿化。当前，一些园林景观盲目引进，靠“奇花异草”吸引眼球，也有部分绿化工程出现同质化趋势，看起来整齐划一、令人愉悦，这些实际上都是违反自然规律的缺乏科学性的规划。在国土绿化过程中，“在哪造”“造什么”“怎么造”都需要进行科学研究规划，要始终做到宜乔则乔、宜灌则灌、宜草则草，以多样化、本土化的绿化品种进行科学化的生态修复。只有因地制宜、科学种植，才能提高绿地质量，进而才能增强绿地的生态功能。另一方面，保护优先强调对自然生态本来样貌的维护。生态系统历经长久的演变一定是稳定的、平衡的，人类过度砍伐等行为打破了系统的稳定，于是人类开始大量人工造林以期恢复生态平衡。事实上，天然林和人造林存在很大区别，由于人工林是统一规划种植，所以具有品种单一、树龄相仿的特点，相对整齐茂密的树冠阻断了林下和地表的阳光，以致无法形成有效的植被覆盖，因而水土保持和涵养水源的功能受到削弱。同时，动物也无法在这里获得充足食物和栖息环境，因而物种多样性程度较低，这使得整个生态系统相对脆弱，容易形成所谓的“绿色沙漠”。为此，我国在国土绿化过程中特别强调坚持保护优先，自然恢复为主“十三五”规划期间，国家进一步强化对天然林的保护力度。5年间，天然林保护资金投入达2400亿元，占中央财政林草业总投资的40%以上。[①]同时，中办、国办联合印发《天然林保护修复制度方案》，明确了天然林保护修复工作的总体要求。2020年7月，新版《中华人民共和国森林法》修订通过，明确实行天然林全面保护制度，适时将党中央对天然林的保护政策上升为法律意志，将天然林保护工作纳入法治轨道。凡此种种，体现了中国特色生态治理对生态系统内在规律的深刻认识和科学运用。当然，恪守生态系统内在规律并不等于对自然采取无为而治的态度，而是要在尊重自然的基础上积极合理地进行人工治理。

（二）人类社会发展的基本规律

唯物史观奠定了马克思主义科学性的基石，是马克思生平两个伟大发现之一。生产力是历史唯物主义的核心概念，是推动社会发展的根本力量。但实事求是地讲，马克思并没有对生产力概念进行明确界定，这为后世学者就生产力问题留下了较大的研究探讨空间。一般看来，人们解释生产力

① 尚文博．我国天然林全部纳入保护范围[N]．中国绿色时报，2020-12-22（01）．

概念时侧重人类的主观能动力量，例如《马克思主义政治经济学概论》认为，生产力是人类利用自然和改造自然、进行物质资料生产的能力。[①]鲁品越认为，生产力是人类开发利用资源以生产物质利益的力量。[②]逄锦聚等人认为，生产力是人们改造自然和控制自然界的能力。[③]回到经典文本中，可以发现，其实马克思对生产力的阐释是具有生态内涵的。除了“生产力”，马克思还较多使用了“劳动生产力”“社会劳动的生产力”“劳动的社会生产力”等概念，这说明理解马克思生产力概念需要将其与“劳动”概念相结合，而“劳动首先是人和自然之间的过程，是人以自身的活动来中介、调整和控制人和自然之间的物质变换的过程。”[④]因此对于生产力内涵的本质把握，可以从人对自然单向度作用向人与自然双向“物质转换”进行有益转变，而这一转变无疑突出体现了对自然主体价值的肯定，同时也契合了马克思主义以唯物史观为出发对资本主义剥削工人和剥削自然的本质批判性。科学把握生产力概念有助于理解生产关系的内涵，马克思指出：“人们在自己生活的社会生产中发生一定的、必然的、不以他们的意志为转移的关系，即同他们的物质生产力的一定发展阶段相适合的生产关系。”[⑤]在这里，“一定的”“必然的”等只是对生产关系外部特征的描述，“同物质生产力相适应”也只是阐明了生产关系和生产力的内在联系和作用方式，都未直接指出生产关系的内在本质。实际上，生产的过程是人与自然进行物质交换而有所产出的过程，生产关系则是指在生产过程中形成的，用以规定利益所属的相互关系，由生产资料归谁所有、个体权利地位、产品分配三个方面的关系构成。

生产力和生产关系矛盾运动规律是人类社会发展的基本规律。这一规律普遍存在却又令人难以察觉，马克思以敏锐的思维和洞察力拨开“繁茂芜杂的意识形态”，揭示出潜藏其背后的“简单事实”，即人们首先必须吃、喝、住、穿，然后才能从事政治、科学、艺术、宗教等等。[⑥]在这里，恩格斯以质朴直白的语言高度赞扬马克思对社会发展规律的伟大洞悉。唯物史观

① 《马克思主义政治经济学概论》编写组．马克思主义政治经济学概论[M]．北京：人民出版社，2011：2．

② 鲁品越．生产关系理论的当代重构[J]．中国社会科学，2001（1）：14—23．

③ 逄锦聚，洪银兴，林岗，等．政治经济学[M]．北京：高等教育出版，2003：23．

④ 马克思恩格斯选集：第二卷[M]．北京：人民出版社，2012：169．

⑤ 马克思恩格斯选集：第二卷[M]．北京：人民出版社，2012：2．

⑥ 马克思恩格斯选集：第三卷[M]．北京：人民出版社，2012：1002．

认为，生产力与生产关系的矛盾是社会的基本矛盾，它构成了推动社会发展的基本动力。马克思在《政治经济学批判》序言中强调，社会的物质生产力发展到一定阶段，便同它们一直在其中运动的现存生产关系或财产关系（这只是生产关系的法律用语）发生矛盾。于是这些关系便由生产力的发展形式变成生产力的桎梏。[①]伴随着生产力的发展，现存的生产关系不断经历“发展形式—桎梏—新的发展形式”的角色变化，在“促进—阻碍—促进”生产力的周而复始的运动中推动社会向前发展。如前文所说，生产力是形成于人与自然进行物质转换过程中的力量，那么在生产过程中人们必须统筹考虑自然系统，在发展生产力的过程中，如果无法协调人与自然的关系，导致“物质转换”断裂，那么生产力以及生产活动也就无从谈起。中国特色生态治理旨在通过一定的制度或机制调整人与自然的关系直至和谐，而制度或机制首先作用于人与人的关系，因此一定程度上讲，中国特色生态治理的作用机理是通过社会关系改善撬动人与自然关系趋向和谐。人与人的关系对应生产关系，人与自然的关系对应生产力，生产力与生产关系的矛盾运动规律势必对人与人以及人与自然关系的调整产生重要影响和作用。

（三）人与自然关系的演进规律

人与自然关系映射生态与文明的关系。自人类产生起，无时无刻不在与自然发生关系，可以说，人类社会的发展演变史，就是一部与自然相互作用、相互影响的历史。人类从动物中脱颖而出，在与自然互动的实践中创造了属于人类自身的灿烂文明。站在人类文明发展的高度回顾历史，不难发现，人与自然关系的演进伴随着人类文明的兴衰，人类文明得以延续，或者说人类社会能够永续发展的终极奥义就在于实现与自然的和谐共生。人与自然关系中的“人”不仅指单个的人，更多时候代表整体意义上的人，指整个人类社会系统与自然生态系统之间的关系。人类社会系统的发展其实就是人类文明的发展，人类文明在人与自然关系演进的历史进程中呈现出兴衰交替的波动，波动的规律体现为，当人与自然关系和谐时，人类文明兴盛，反之，人类文明则衰败甚至湮灭。因此从这个意义上讲，人与自然关系映射了生态与文明的辩证关系。

生态可载文明之舟，亦可覆文明之舟。生态是文明的物质基础，良好的生态孕育滋养文明，反之，生态遭受破坏，在此基础上建立的文明也必将

① 马克思恩格斯文集：第二卷[M]．北京：人民出版社，2009：591．

受到冲击，甚至是覆灭。这是已经被人类文明历史证明的客观规律。细数人类历史上曾经创造无数辉煌的古中国、古巴比伦、古埃及、古印度等文明古国，无不发轫于水草丰美、森林茂密、生态良好的地区，这绝非偶然，而是具有规律性和必然性的。因为，良好的生态环境为人类文明的形成和发展提供了必要的环境和物质基础，古代人类抵御自然灾害的能力极为薄弱，在环境恶劣的地区，生存尚且堪忧，遑论创造文明。良好的生态环境在庇护人类生存的同时，为人类的实践和创造提供了充要条件，正如《人类环境宣言》中所写："环境给予人以维持生存的东西，并给他提供了在智力、道德、社会和精神等方面获得发展的机会。"但是随后，文明发源地的生态转衰，文明也随着迎来致命的打击，湮灭在发祥之地。人类为了进一步发展，过度开垦和拓荒，全然不顾生态环境的恢复与发展，致使森林锐减、水土流失、自然灾害频发、土地肥力下降……生态环境一旦被恣意破坏，不再适宜人类生活和生产，那么文明的衰落或转移将不可避免。诚如恩格斯在《自然辩证法》中所说："美索不达米亚、希腊、小亚细亚以及其他各地的居民，为了得到耕地，毁灭了森林，但是他们做梦也想不到，这些地方今天竟因此成了不毛之地。"[①]一枝独秀的中华文明在历史上也曾上演过如此悲剧，昔日号称"塞上江南"的楼兰古国，如今早已消失在大漠黄沙之中。

和谐共生是人与自然关系演进的终极目标。迄今为止，人类对于自然的态度，大致经历了崇拜依附、认识改造、控制攫取等阶段，目前正在逐步迈向人与自然和谐共生阶段。总的来说，无论是崇拜依附自然，还是认识改造自然，抑或控制攫取自然，都具有主体对客体的指向性，都是从人类角度出发对人与自然关系进行单向度勾勒，而并非从平等互动的角度进行描述。在新的历史阶段，和谐共生才是对人与自然相互关系更加精准、更加透彻的认知，才是人与自然关系演进的终极目标。共生体现彼此互为前提的必要性，是对人与自然关系的下限规定，而和谐体现相互协调促进的发展性，是对人与自然关系的上限规定。共生代表着人与自然在生物学角度上的本质联系，而和谐则在共生基础上体现了人类文明演进的终极追求和理想状态。回顾历史不难发现，人与自然具有共存共荣、休戚与共的共生关系，这是无可辩驳的，但是共生并非等同或内含和谐，人与自然时常处于"虽共生不和谐"的状态，尤其是工业革命以来，对现代化的狂热追求使得人越发背离与

① 马克思恩格斯选集：第三卷[M]. 北京：人民出版社，2012：998.

自然的和谐相处之道。以资本主义生产方式为原初动力和物质基础的现代化道路终将导致人与自然的异化。反观生产资料公有制，从制度基础上就根本破除了私人占有自然资源的弊病，使得异化劳动不复存在，同时把自然视作能够与人类社会有机统一的独立存在，而非人类社会的附庸与工具。就此而言，只有在属意“每个人全面而自由发展”的社会中，人与自然才能实现和谐共生，不是粗犷的原始和谐，而是真正能够支撑人类社会永续发展的和谐共生。

第四节　中国特色生态治理模式的现实情境

中国特色生态治理模式的生成必须立足于重大社会现实。时空压缩是改革开放以来中国社会的整体特征，在生态领域主要表现为环境问题的集中爆发和异常复杂，新常态下经济高质量发展要求以及下行压力使得生产方式转变变得更加紧迫。但是仔细分析可以发现，困难、压力之中也包含着机遇，时空压缩式的发展在短时间内积累了可以支撑生态治理的物质基础，可以充分发挥后发优势，吸取教训而避免治理误区和弯路，经济下行压力可以倒逼生态体制改革成为变革发展方式的动力。同时，党和国家在治国理政的顶层设计中不断突出生态文明建设的战略重要性，这些都在客观上有力推动了中国特色生态治理模式的加速发展。

（一）中国生态环境问题的时空压缩特征

美国学者戴维·哈维最先正式提出时空压缩概念，他在《后现代条件》中以时间和空间为维度进行全球化研究。我国学者景天魁较早地对时空压缩概念进行了本土化的阐释和运用，将具有以下四重规定的时空特征可称之为时空压缩。①其一，传统性、现代性、后现代性集中压缩于一个时空；其二，三者形成相互包含、择优综合而非依次否定取代的关系；其三，通过制度和机制创新形成具有自身特色的模式；其四，在较短时间内解决相应的历史任务而非慢慢进化。自新中国成立，尤其是改革开放以来，中国社会的各个领域都呈现出时空压缩的特点，以工业化进程为例，我国在短短几十年的时间跨越了发达国家数百年的发展之路，工业化的初期、中期以及后期三个阶段被压缩在同一时空内，并且在学习借鉴中形成了具有中国特色的工业化道路。在少数地区，甚至出现了由原始或奴隶社会直接跨越到社会主义社会

---

① 景天魁．中国社会发展的时空结构[J]．中国社会科学，1999（6）：54—66．

的“直过民族”，我国社会发展和转型过程中的时空压缩特点可见一斑。整体的时空压缩特性延展到社会的诸多方面，生态领域也概莫能外，主要表现为生态环境问题的时空压缩性，这对生态治理产生了双重影响。

一方面，生态环境问题时空压缩特性蕴含治理劣势，主要表现为生态环境问题的集中爆发性和结构复杂性。改革开放以来是我国经济腾飞的黄金期，同时也是生态环境问题的频发期，尽管始终非常重视生态环境保护问题，但是作为现代化发展的追赶者和后发者，我国凭借独特的制度优势仅耗费几十年时间便走完了发达国家几百年才走完的道路，取得了发达国家几百年才取得的成绩，结果也可想而知，我国在几十年内遭遇了发达国家几百年间的生态环境问题，一时间，污染问题、资源浪费问题等接踵而至，成为民之所疾、国之所痛。更为严峻的是，由于缺乏必要的时空缓冲消化，旧的问题还未解决新的问题又已产生，资源环境问题频发、基础制度供给不足、公众生态意识薄弱等不同层次的生态环境问题相互叠加、相互交织，共同构成了我国生态环境问题的复杂性结构。除此之外，我国还不得不承受来自先发国家的污染转嫁，现代化的先发国家遭遇经济发展的资源环境瓶颈时，通过产业结构调整将高污染产业进行对外转移，通过不对等的国际贸易进行资源掠夺和垃圾出口，客观上加剧了渴望发展而又缺乏必要技术和资金的彼时中国的生态环境问题。

表2-1　中国“十一五”至“十三五”期间环保投入及强度

时间	污染治理投资总额①	投入强度（占GDP比例）
“十一五”期间	23760.91亿元	1.51%
“十二五”期间	42786.49亿元	1.46%
“十三五”期间	47537.15亿元	1.07%

注：数据根据国家统计局数据、历年中国生态环境统计年报整理计算得出。环境污染治理投资指在污染源治理和城市环境基础设施建设的资金投入中，用于形成固定资产的资金，由城市环境基础设施投资、工业污染源治理投资与建设项目“三同时”环保投资三部分构成。自2013年，建设项目“三同时”环保投资额指标名称改为当年完成环保验收项目环保投资。

另一方面，生态环境问题的时空压缩特性蕴含治理优势，主要体现在物质性基础和后发型优势。生态环境问题的时空压缩特点源自我国经济社会的跨越式发展，经济的快速发展客观上给资源环境造成了巨大压力，但同时也为解决生态环境问题奠定了必要的物质基础，这是因为发展是解决一切问题的“总钥匙”，生态治理是耗费大量人力、物力、财力的系统工程，而不是脱离财政投入空谈规划蓝图的纸上谈兵。依据国际惯例和经验，环保投入与环境质量呈现正相关，并且投入强度和环境质量改善之间存在一个通用的指标，即：1.5%是控制，2%—3%是改善，也就是说，只有环保投入占GDP的比重达到二或三个百分点，才能支撑环境质量改善。[①]得益于改革开放后的经济腾飞，尤其是进入21世纪后，如表3-1所示，我国环境污染治理投资总额整体快速增加，投入强度整体上也呈现上升趋势。根据中国生态环境统计年报，我国2020年环境污染治理投资总额为10638.9亿元，首次突破万亿，比2001年增长9.6倍，与当年国内生产总值比值为1.06%，虽然投入强度上距离国际领先水平仍有一定差距，但是大量资金的投入有效推动了我国生态治理工作的全面展开。

生态环境问题的时空压缩特性客观上形成了我国生态治理的后发优势，通过借鉴发达国家在生态治理领域的先进技术和理念，反思发达国家生态治理的经验和教训，同时积极融入全球生态治理的框架和标准，构建兼具本土化和国际化的治理体系，可以最大程度地节约治理成本和规避治理误区。

（二）经济新常态下的高质量发展要求

“新常态”概念是2014年习近平总书记在河南视察时首次提出，在同年12月的中央经济工作会议上，习近平总书记以过去和现在为对比，从消费需求、资源环境约束等九个方面阐释了我国经济发展新常态的趋势性变化。新常态下，经济发展主要呈现增速放缓、方式升级、结构优化、动力转换等特点，具体而言：

其一，经济增长速度从高速转向中高速。改革开放之后，国家将工作重心转移到经济建设上，经济发展潜力得到迅速释放，1979年到2015年是我国经济高速增长的黄金阶段，在此期间经济增速平均达到9.7%，我国经济发展取得非常卓越的进步。国家统计局数据显示，实际从党的十八大开始，我国经济已经开始进入增速换挡期，2012年我国GDP增速“破8”，之后整体呈现下降趋势，稳定在7%左右的中高速。经济增长速度放缓一定程度上降低了资源消耗的速度和环境污染的程度，为生态环境的修复和改善赢得宝贵的时间和空间。

其二，发展方式从规模速度型转向质量效率型。生态环境问题归根到底

① 马维辉．污染防治攻坚战需要5万亿投入2万亿缺口难题待解[EB/OL]．华夏时报网，[2018-07-06]．https://www.chinatimes.net.cn//article/78362.html

是经济发展方式问题。面对资源供给和环境承载的上限，必须放弃粗放型增长方式，代之以集约型增长方式。集约型经济增长不仅产品质量高、生产效率高，而且资源利用率高、环境污染小，在生产中能够真正实现经济效益、生态效益和社会效益的统一，是推进生态治理的重要环节。

其三，经济结构从增量扩能为主转向调整存量、做优增量并举调整。国家在经济发展和推进生态文明建设的顶层设计上已经明确，要想从根本上缓解经济发展与资源环境之间的矛盾，必须构建科技含量高、资源消耗低、环境污染少的产业结构，加速实现生产方式的全面绿色转型，从而最大程度上减少发展所付出的生态成本。过往经济发展的实践业已证明，盲目地增加产能、扩大规模不仅对资源环境造成巨大压力，而且也无法获得最大化的经济效益，只有加快淘汰落后产能、积极化解过剩产能、合理发展优质产能，才能优化产业结构，壮大绿色产业，进而有效降低资源能源浪费和环境污染。

其四，发展动力从传统增长点向新的增长点转换。随着传统人口红利的消失、出口市场的萎缩、有效供给的不足，拉动经济发展的传统动力越显乏力，我国经济发展的动力转换需求十分迫切。应当牢固树立创新发展理念，推动新技术、新产业、新业态的蓬勃发展，不断深化供给侧结构性改革，为经济持续健康发展提供源源不断的内生动力。同时，要着眼于人民群众对美好生活环境的期待，在创新驱动发展下形成绿色低碳循环发展，并从中创造新的经济增长点。

经济新常态是现阶段我国经济发展显著特征和必经过程，是由经济发展和社会转型规律所决定的客观现象，顺应和把握经济新常态、追求和实现高质量发展是当前我国社会发展的重大逻辑。经济新常态和高质量发展是具有内在联系和相互作用的一对概念，在当前及今后相当长的时期内，新常态是对经济发展整体状态和外部特点的描述，高质量则是对经济发展长远目标和内在要求的规定，经济发展的新常态要求呼吁高质量发展，高质量发展也是适应和引领经济新常态的科学选择，二者是同一问题的两个方面。这里需要说明的是，党的十九大提出“我国经济已由高速增长阶段转向高质量发展阶段”，十九届五中全会指出“我国已经转向高质量发展阶段”，从“我国经济”到“我国”，主语的细微变化体现了“高质量发展”要求由经济领域向社会发展各领域延伸和扩展，这是社会发展的一般规律和必然趋势，体现了党中央对我国经济以及整体社会发展的清醒认识和精准研判，党的二十大更是把“高质量发展”作为全面建设社会主义现代化国家的首要任务。但是为了避免逻辑混淆和论述矛盾，这里将高质量发展聚焦于经济领域，其实经济领域的高质量发展本就是首要的、基础的，它能够为文化、社会、生态等领域的高质量发展奠定物质基础。历史唯物主义认为，只有从经济基础中探寻，才能把握事物的本质和联系，上层建筑必须适应经济基础，并且经济与生态本就是不可分割的整体，抛开经济发展抓生态治理是缘木求鱼的做法。因此，中国特色生态治理是置于中国经济发展基础之上的，必须紧扣新常态下的经济高质量发展要求，化经济下行压力为发展方式的变革动力，在经济发展与环境保护协调互动中实现经济的高质量发展。

（三）突显生态文明建设战略位置的顶层设计

在中国特色生态治理模式的生成过程中，其所处的现实情境既包括生态环境问题的时空压缩、新常态下的经济下行压力等不利性因素，也包括顶层设计中生态文明建设的战略位置部署的有利性因素。生态文明的突出战略位置表明了党和国家大力推进生态治理的决心、恒心和信心，客观上推动了中国特色生态治理模式的加速发展。

"五位一体"总体布局与生态文明建设。生态领域虽然相对独立，但绝不是孤立的、游离于社会整体系统之外的，整个系统越复杂，系统要素之间的关联频率和程度就越高。生态治理要想显著收效，就必须与其他领域进行良好融合。党的十八大将生态文明提升到与经济、政治、文化、社会同等高度，高屋建瓴地规划了"五位一体"的总体布局。"五位一体"是一个有机整体，其中经济是根本，政治是保证，文化是灵魂，社会是条件，生态文明是基础。从建设生态文明的角度出发，要坚持系统思维，把生态文明建设融入经济、政治等其他四个重要领域，用"+生态"的方式推进整个有机体协同建设。第一，把生态文明建设融入经济建设中，就是要用绿色发展理念引领发展，通过产业结构、能源结构、技术结构的转型升级，实现生产方式的绿色化转变，走一条经济发展与生态保护相得益彰、相互促进的新型发展道路；第二，将生态文明建设融入政治建设，需要进一步完善健全考核体系，建立符合生态文明要求的目标体系、考核办法、奖惩机制，从正向激励和反向约束两个维度突出领导干部主体责任、强化领导干部责任意识。同时，不断完善生态文明的制度体系和法律法规，为生态治理提供更可靠的法治保障；第三，将生态文明建设融入文化建设，需要在完善生态文明制度体系的同时厚植生态文化，在全社会大力倡议内含绿色消费、保护环境、低碳出行等的绿色生活方式，同时强化教育的效用，在国民教育和干部教育培训体系中增加生态文明板块，不断增强生态意识、营造环保氛围，进而实现深层次的价值取向的转变；第四，将生态文明建设融入社会建设，需要把良好生态视为最普惠的民生福祉加以建设，着重解决损害人民健康的空气污染、水污染等突出问题，科学规划生态公园以增强人民生活幸福感，构建政府与民间团体、社会环保组织的新型合作关系，同时加强绿色技能培训，创造更多的绿色就业机会等。

“四个全面”战略布局与生态文明建设。“四个全面”是党中央在新的历史条件下治国理政的战略布局，与生态文明建设具有内在联系。其一，生态文明建设是全面建设社会主义现代化国家的重要基础。在过去一段时间内，生态是小康社会的短板，习近平总书记多次强调，小康全面不全面，生态环境质量是关键。过去，我国经济的快速发展满足了人民群众的物质需求，却对生态环境造成较为严重的破坏，正反作用之下使得人们对美好生活环境的向往越发强烈，老百姓由过去“盼温饱”转向“盼环保”，由“求生存”转向“求生态”。十九届五中全会之后，“四个全面”战略布局发生内涵上的深刻变化，随着全面建成小康社会目标达成，全面建设社会主义现代化国家被提上日程。全面建设社会主义现代化国家要在小康社会的基础上，进一步聚焦民之所想，要急民生之所急，解民生之所困，深入解决群众关注的环境问题。其二，生态文明体制改革是全面深化改革的重要内容。全面深化改革的“全面”就体现在领域的全面，不仅要深化经济、政治、文化、社会领域的改革，而且要不断根据时代变化和人民需求深化生态文明体制改革，为生态文明建设提供有效的制度保障。其三，全面从严治党是生态文明建设的重要组织保证。党员领导干部是推进生态文明建设的“关键少数”，作为重要领导者和决策者，领导干部的积极性、责任性、创造性对生态文明建设的成效起着重要决定作用。在全面从严治党的过程中，要不断完善领导干部生态文明建设目标考核制度、自然资源资产离任审计制度、生态环境损害责任追究制度等，从正向鼓励和反向约束两个角度入手强化领导干部的环境保护主体责任。其四，全面依法治国是生态文明建设的重要法治保障。严密法治是新时代推进生态文明建设的六项原则之一，在全面依法治国过程中，要将绿色发展理念贯穿到科学立法、严格执法、公正司法、全民守法的各方面各环节，为生态文明建设提供坚实的法治保障。

第三章

中国特色生态治理模式的基本结构

每一个模式都具有时间和空间两个方面的特征。时间特征就是模式的生命周期，它描述了模式从萌发、成长、成熟到形成的过程，反映出人类社会客观事物的运演规律。没有经久不变和永恒存在的模式，任何模式都会衰亡或者经过调整融入新的模式。所以就目前的发展阶段而言，中国特色生态治理模式的时间特征，也就是它的生命周期，描述它萌生、成长、形成的生成过程，仍然处于不断成熟的上升阶段，前文已有阐述，这里不再赘述。模式的空间特征是指它的基本构成及其结构之间的有机联系，以经济运行模式为例，一般经济运行包括生产者、消费者、管理者、经营者等经济主体及其生产资料等要素，它们构成了基本的经济结构。①党中央集中统一领导下的多元治理主体、以社会关系为本质指向的治理客体、“人民—社会—国家”三位一体的治理目标、系统完备的治理制度、多维协同的治理机制及其各要素之间的相互关系共同构成了中国特色生态治理模式的基本结构。

第一节　党中央集中统一领导下的多元治理主体

治理主体多元化是现代社会治理的显著特点和必然趋势，也是现代治理走向善治的内在要求。党的十九大报告强调要构建多元参与的环境治理体系，党的二十大报告进一步强调要健全现代环境治理体系。在治理实践中，要统筹不同层次主体同向发力，不同部门主体协调发力，既不能单兵突进、失之偏颇，也要避免各不相谋、推诿掣肘。中国特色生态治理模式的主体不仅要体现多元化，更要体现统一性，这里的统一性指中国共产党的集中统一领导。面对错综复杂的环境问题和根深蒂固的治理顽疾，必须有中国共产党

① 王宏波．社会工程学导论[M]．北京：科学出版社，2021：133—135．

这样的主心骨作为领导核心，才能在生态治理的顶层设计上进行战略规划和方向引导，才能在克服生态治理的顽瘴痼疾中凝聚力量和披荆斩棘，所以说统一性是多元化的前提和保障，缺乏统一领导的多元化往往是有害的，极有可能导致各自为政、一盘散沙。同时，政府、企业、组织、公众等都是治理主体中不可缺少的组成部分，在党的坚强领导下发挥着不可替代的作用，共同构成了生态治理的多元化治理主体。

（一）党的领导地位

回顾新中国成立以来的生态治理和环境保护历程，中国共产党始终是生态治理的坚强领导核心。党的领导地位并非自诩，而是基于服务人民的根本属性和宗旨的必然结果。同时，中国共产党具有把握时代脉搏、洞悉时代潮流、攻克时代难题的卓越能力。所谓党政军民学，东西南北中，党是领导一切的。党的执政能力和领导权威赋予了我们进行生态治理伟大事业的底气和自信。

1.中国共产党的性质和宗旨与生态治理的价值契合性

《中国共产党章程》总纲明确规定："中国共产党是中国工人阶级的先锋队，同时是中国人民和中华民族的先锋队。"[①]"两个先锋队"反映出党所承担的双重历史使命，揭示了党同人民群众须臾不可分离的深刻联系，也为党的领导打下坚实群众基础。全心全意为人民服务是党一以贯之的优秀品质和根本宗旨。早在抗日战争时期，毛泽东同志就已经明确提出并深刻阐述，他在中共七大所作的《论联合政府》报告里说："这个军队之所以有力量，是因为所有参加这个军队的人，为着广大人民群众的利益，为着全民族的利益，而结合，而战斗的。……紧紧地和中国人民站在一起，全心全意地为中国人民服务，就是这个军队的唯一的宗旨。"[②]在这里，毛泽东清楚地认识到，全心全意为人民服务的宗旨是军队获得人民信任、争取人民支持的前提，更是人民军队强大力量的不竭源泉，也正是这个"唯一的宗旨"决定了我们党和军队人民性的本质属性。在中国特色社会主义新时代，中国共产党所处的历史时期和所肩负的历史使命虽然有所改变，但是中国共产党的性质和宗旨没有变，人民立场的本质要求没有变，群众利益高于一切的价值准则没有变。

---

① 中国共产党章程[M]．北京：人民出版社，2022：1.

② 毛泽东选集：第三卷[M]．北京：人民出版社，1991：1039.

中国共产党以人民为中心的价值取向与生态治理具有内在契合。为什么这么说呢？生态环境是自然对人类慷慨的馈赠，具有平等公正的重要特征，直接影响着人们的生活水平和幸福指数。可以说，保持生态环境的良好状态并让人们共享良好生态是一项系统的民生工程，是执政者为广大人民群众谋福利的长久事业，然而公共性问题治理常常会遭遇“公地悲剧”。“公地悲剧”本是经济学概念，但是同样存在于生态环境领域，部分企业为了减少污染处理带来的生产成本，在明知严重后果的情况下仍然偷偷排放污染物，因为在市场竞争和利益诱导下，“我不排放，总会有人排放”“大家都不处理污染物，我为何要处理”的心态和想法根深蒂固，于是作为公共物品的生态环境则会成为企业漠不关心的对象。不难设想，当公共资源被以个人方式进行处置时，资源枯竭将是可以预见但却无力阻止的结果。此外，生态治理是一项前期投资大、建设周期长、经济产出低的系统工程，在标榜效率和利益的市场条件下，难以吸引足够的资金和力量进场。就此而言，坚持党的统一领导是破除生态治理困境的必然选择，因为只有像中国共产党这般以人民利益为根本价值归旨的，没有自己特殊利益的伟大政党才会全身心投入到生态治理的伟大工程中去，投入到在市场看来投入产出率较低的伟大事业中去。

2.中国共产党的能力和本领与生态治理的现实适配性

生态治理的长期性、艰巨性、复杂性决定了这项事业必须由一个具备过硬本领的政党来领导完成。中国共产党是以马克思主义为指导的不断与时偕行、革故创新、赓续发展的政党，具有强化政治领导、洞察发展趋势、创新发展方式、维护群众利益、化解重大危机等多方面的卓越本领和能力。生态文明建设重大发展战略的科学制定、生态系统保护和修复重大工程的陆续推进、环境治理和资源保护法律法规的适时修订以及事关生态文明建设理论的不断丰富，这些不仅体现了中国共产党的领导核心地位，更展现了中国共产党在生态治理领域强大的行动力。需要指出的是，生态文明事关中华民族兴盛衰亡，生态治理是需要代代努力、久久为功的伟大工程，这与中国共产党在重大战略决策上一脉相承的组织特征具有高度适配性，因为唯有在生态领域持续深耕才有可能完成伟大工程，实现千年大计。从理论上讲，重大战略和宏观政策的稳定与延续是发挥其功效的重要前提，而中国共产党的统一领导正是政策延续和实践深入的重要保障。与资本主义国家两党制或多党制下的政策更迭甚至是相互清算、制度断裂不同，科学的决策在中国代代相传且日臻成熟，从“三位一体”“四位一体”再到“五位一体”，从生态文明建设写入党的报告到写入党章再写入宪法，从基础性制度赤字到构建起生态文明制度的“四梁八柱”，在中国共产党的领导下，生态治理的政策制定和制度设计始终处于继承前者成果而不断完善的过程中。同时，顶层设计的发展和完善指导着生态实践的不断深化，例如著名的三北防护林体系建设工程，规划建设73年，造林5.24亿亩，历经多届领导集体，目前已经有条不紊地进入第六期工程建设，取得令世人瞩目的成绩。

（二）政府主导地位

“政府”一词古已有之，但其内涵却古今不同。古代“政府”是“政事堂”和“二府”两名之合称，现在我们通常所说的政府是现代政治文明的产物，是国家进行统治和治理的机关。从横向权力范围来看，有广义和狭义之分，广义的政府是公共机关的总称，包括人民政府、检察院、法院、监狱等；而狭义的政府则是指国家权力的执行机关，即国家行政机关。从纵向等级划分来看，一般包括中央与地方政府。中华人民共和国中央人民政府，即中华人民共和国国务院，是最高国家权力机关的执行机关，下设外交部、国防部、教育部、生态环境部、自然资源部等多个部门，以及直属特设机构、直属机构、直属事业单位等诸多机关单位。地方政府指各级地方政府，一般包括省、市、县、乡四级政府，各级地方政府依法负责本区域内的经济、教育、科学、文化、卫生等相关工作。作为治国理政的重要对象和关键环节，生态治理是政府发挥职能不可回避的重要领域，更是与民生息息相关的重要事业，所以不管是广义还是狭义之政府，抑或中央政府还是地方政府，政府都应当责无旁贷地肩负起生态治理的重任。“十四五”规划指出“推动有效市场和有为政府更好结合”，之所以强调二者的更好结合，就是希冀以政府作用弥补市场机制的先天缺陷，克服资本野蛮生长、供给需求失衡、自然价值空场、市场竞争无序等问题。政府在生态治理中居于主导地位，不仅是因为职能所在，政府应当这样做，更是因为政府能做好，主要体现在，政府宏观政策调节对市场功能不足的弥补以及对生态治理的积极导向作用。

市场主体的特性限制了市场在生态治理中的功能发挥。改革开放以来，政府与市场的互动和博弈始终是社会主义市场经济建设乃至整个中国社会发展无法回避且必须谨慎处理的现实问题，生态治理概莫能外。长久以来，市场被认为是资本主义所特有的范畴，同时，市场机制被西方经济学者奉为金科玉律，无论是自由主义，还是凯恩斯主义，其争论的焦点无非在权衡政府与市场的关系。米塞斯曾指出：“市场是资本主义私有制度的天生儿，与资本主义制度有着天然的联系……它是不能在社会主义制度下被‘人为地’模拟的。”[1]随着社会主义市场经济的蓬勃发展，这一理论认识逐渐被解构，邓小平同志曾多次阐释过社会主义与市场的关系，明确指出，社会主义与市场经济不存在根本矛盾[2]，这极大促进了人们思想的解放，带动了全社会对僵化认知的艰难破局。不可否认的是，市场在资源分配中发挥着独特功能，可以合理优化配置，提高生产效率，在社会经济发展过程中发挥了巨大作用。然而，市场主体逐利性、盲目性等本质特征限制了它在生态治理中发挥积极作用。

首先，市场主体的逐利性与生态环境的公共性相背离。追求效率，实现利润最大化是市场主体的最高目标，只有产生利润了，市场中的企业个体才能生存，并且在市场竞争机制作用下，效率更高、利润更多的企业更加具有竞争力。因而，在效率和利润面前，生态环境往往会被牺牲，因为生态环境具有明显的外部性和公共性，在缺乏有效外部调控和干预的情况下，没有市场参与者会关心生态环境的具体状况。其次，市场主体的有限时间视野与生态资源的代际共享相冲突。市场机制的时间视野是非常有限的，它只能反映当前存在的消费者对相对估价所发出的信号，而无法反映所有潜在者，甚至是还没有出生的消费者所发出的信号。就矿藏、农田或者排污许可之类，当前的消费者可能会因为某些原因而产生对代际共享资源的过度消费行为，而后代们则无法获得今天的市场“购买”这些商品或服务。与之形成鲜明对比，生态治理是带有强烈未来主义色彩的事业，反对以谋求自身利益的“经济美德”而去“断子孙路”，以破坏性的发展方式阻断资源的代际共享。最后，市场主体在环境和资源的利用方面存在效率赤字。由于市场机制的滞后性，生产者在接收市场需求信号时蜂拥而上，在市场饱和时却不能及时调整，导致特定时期内的生产过剩，不得不销毁以避免市场价格下跌。此外，在市场机制刺激下，消费异化现象滋长，对商品背后价值符号或者消费本身的需求往往能比实际需求产生更大的生产动力，过剩生产在持续增加，资源浪费也必然随之加剧。所以长远来看，要想把美好的生态环境留给子孙后代，实现资源与环境的世代相传，市场机制是不能根本奏效的，必须在政府主导下从道德考量和可持续发展的视角来持续深耕。

---

① 路德维希·冯·米塞斯．社会主义：经济与社会学的分析[M]．王建民，等，译．北京：中国社会科学出版社，2008：141．

② 邓小平文选：第三卷[M]．北京：人民出版社，1993：148.

充分发挥政府宏观政策调节在生态治理中的积极导向作用。在现代治理体系中，很少存在没有政府参与的治理，治理绝非使政府退场，而常常是与政府相辅相成的。[①]一方面，通过以财政政策为主的经济调节手段促进生产方式的绿色转型。扩大环境保护型、资源节约型企业所得税优惠目录范围，以鼓励环保技术、装备和产品的研发应用，从而实现环保节能产业的壮大发展。继续加大对生态环境治理的财政投入，推动农村人居环境整治和城市黑臭水体、大气污染等综合治理的进一步提升。加快建设以碳排放为代表的污染排放交易市场和制度体系，以推进实现“3060”目标以及污染物近零排放。进一步完善生态补偿机制，优化调节相关者利益关系，促进各种规则、政策的协调安排。进一步优化绿色债券的发行和绿色贷款的发放，提高绿色金融资产的整体质量，从而完善金融支持绿色低碳发展的系统性安排。另一方面，通过以法规规章为主的法律手段促进生态治理行动的开展。以宪法法律为依据和指导，制定颁发行政法规，丰富促进生态治理实践的规范性文件。鼓励地方政府依据属地实际情况制定地方性法规，允许国务院下设部门根据行业特点颁布部门规章或行业性法规，进一步强化生活垃圾分类处置、长江十年禁渔、大规模国土绿化行动、工业废弃物处理、快速包装绿色化等生态治理行动的推进和实施。总而言之，要充分发挥政府在制定和实施宏观政策方面的主导性，通过宏观调控促进生产生活方式的绿色转型，在全社会形成有利于生态治理的积极导向。

（三）企业主体地位

作为经济活动的主要参与者，企业直接承担着社会生产流通、科学技术创新、国家财政增收等重要职能，是推动经济社会发展极其重要的力量。同时，我们也应该清楚地认识到，企业是污染排放的主体，以大气污染为例，生态环境部统计数据显示，2022年空气污染物排放整体保持了下降趋势，从内部污染源结构来看，工业源占比最多，从表4-1可以看出，二氧化硫、氮氧化物、颗粒物是最主要的空气污染物，具有工业源、生活源、移动源和集中式（集中式污染治理设施）四个不同来源，其中工业源占总排放的比例分别达到75.4%、38.8%、61.9%，是各种污染排放物的主要来源。除此以外，工业源还产生了大量的工业固体废弃物和废水等其他污染物。因此，

① A Jordan, RKW Wurzel, A Zito. The Rise of 'New' Policy Instruments in Comparative Perspective: Has Governance Eclipsed Government? [J]. Political Studies, 2010,53(3):477-496.

从一定程度上讲，企业是环境污染的主要源头，理应肩负起生态治理的主体责任。

表3-1 2022年废气污染物排放来源分布表

污染物/污染源	二氧化硫	氮氧化物	颗粒物
工业源	183.5万吨	333.3万吨	305.7万吨
生活源	59.7万吨	33.9万吨	182.3万吨
移动源	—	526.7万吨	5.3万吨
集中式	0.3万吨	1.9万吨	0.1万吨

注：数据根据生态环境部《2022年中国生态环境统计年报》整理得出

企业主体地位是现代环境治理体系的应有之义，发挥生态治理的主体作用不仅是法律赋予企业的义务和责任，更是企业生存和发展的现实需求，在生态文明的宏观背景和绿色生产的必然趋势下，任何企业都不可能独善其身，游离于现代环境治理体系之外。2012年以来，生态环境部联合发改委、财政部、工业和信息化部等多个部门累计颁布企业生态环境治理激励性政策文件共计122项，涉及财政政策、绿色金融政策、生态补偿政策、绿色供应链、综合类政策和基础目录等八大类型，这还未包括限制性政策文件和地方性法规规范，足见党和国家对企业生态治理的高度重视及企业主体地位的深刻认识。企业在发挥生态治理主体地位过程中要重点把握三方面内容，即科技创新是重要手段，国有企业是重要表率，企业环境信用体系建设是重要抓手。

1.科技创新是重要手段

由于能源资源和生态承载的较大缓冲空间，我国过去经济发展过度依赖消耗资源和牺牲环境的弊端还没有完全显现出来，随着资源环境承载能力接近上限，生态与发展的矛盾逐渐变成经济社会健康发展的重要约束。从企业角度出发，面对日益趋紧的生态压力，科技创新成为突破企业发展生态瓶颈，兼顾经济效益和生态效益的不二选择。习近平总书记强调：“要突破自身发展瓶颈、解决深层次矛盾和问题，根本出路就在于创新，关键要靠科技力量。”①企业参与生态治理、发挥主体作用最直接体现在将科技创新融入前端生产和末端处理两大关键环节，实现前端生产绿色化和末端处理无害化。

① 习近平关于科技创新论述摘编[M]. 北京：中央文献出版社，2016：3.

前端生产绿色化。简单来说，绿色生产就是指企业通过理念、技术、管理的创新，降低资源能源消耗，减少污染总量排放，进而在总体上实现生产活动对生态环境近零影响的综合性过程。在产品生产制造的过程中，科技创新能够有效推动生产工艺革新和生产设备升级，从而实现原始材料消耗的降低，清洁能源利用的提高，以人工材料、可再生材料替代不可再生材料，以及减少生产废弃物的产生和排放等。2020年9月，我国宣布将提高国家自主贡献力度，力争实现“3060双碳目标”，这不仅是中国为顺应绿色发展浪潮而作出的战略决策，更是中国为应对全球气候变化而作出的庄严承诺，体现了中国引领构建人与自然生命共同体的主动担当和大国风范。基于中国庞大的工业规模，企业减排成为碳达峰碳中和的关键环节，而科技创新又是企业减排的重要举措，为此，科技部成立“双碳”工作领导小组，研究部署科技创新行动方案，以期通过科技创新引领“双碳”工作。需要强调的是，作为前端性、预防性的治理措施，企业绿色生产要求在产品设计时便融入绿色环保理念，并由此延展到产品的全生命周期，企业前端绿色生产对末端的无害处理以及消费端绿色消费具有重要的引领和强化作用，是推进节能减排需要加强的关键环节。

末端处理无害化。末端无害化处理既包括企业对自身生产活动所生产的废气、废水、固体废物等污染排放物的处理，也包括专职第三方企业对废弃物的收集、转运、再利用等操作。相较于前者，环境污染第三方治理更加具有专业化和规模化的效应，有利于污染治理水平和排放管控水平的整体性提升。但是无论何种形式，科技创新都是末端处理的重要技术支撑，通过对污染排放物进行一系列物理的、化学的、生物的处理实现对生态环境的无害化。如果企业生产所形成的污染物未经处理或者处理未达标而直接排放到自然环境中，就会对生态环境造成巨大污染，进而影响生产活动和人类健康，20世纪50年代前后，资本主义世界的八大公害事件便是最好的例证。科技创新不仅能促进对污染排放物的无害化处理，也能促成对排放物的资源化利用，在减少污染的同时“变废为宝”，推进资源的循环再利用。末端无害化处理作为补救式的治理措施，或多或少会对生态环境造成影响，相较之下，绿色生产显然更具生态性，因此，我们要逐步推动从末端处理无害化向前端生产绿色化转变，努力实现企业发展的“近零排放”。

2.国有企业是重要表率

党的十九届五中全会从推进中国特色社会主义伟大事业的高度，完整提出国有资本和国有企业做强做优做大的战略部署。党的二十大再次强调，通过深化国企改革，推动国有资本和国有企业做强做优做大，以此提升核心竞争力。[①]《中共中央关于全面深化改革若干重大问题的决定》明确指出，国有资本的投资运营要服务于国家战略目标，更多投向关系国家安全、国民经济命脉的重要行业和关键领域，重点提供公共服务、发展重要前瞻性战略性产业、保护生态环境、支持科技进步、保障国家安全。[②]很显然，国家安全性、战略前沿性、创新驱动性、公共服务性是国有资本所要坚持的特性和原则，以此而论，生态环境治理势必成为国有资本投资运营的重要板块。总而言之，国有资本以及作为其外部载体的国有企业的本质属性、现实问题以及解决生态环境问题的能力决定了其积极投身生态治理的自觉性、主动性以及必然性，并且要充分利用自身优势发挥引领示范的重要作用。

其一，从国有企业的本质属性来看，国有企业是国有资本的外部载体，而国有资本是基于所有权的一种特殊形态，是由国家作为出资人的经营性资产，属于国家所有即全民所有。虽然截至目前，国务院并未对国有企业进行统一定义，只是在部分文件里对国有企业概念进行分别界定。一般来说，国有企业有广义、狭义之分，广义的国有企业指具有国家资本金的企业，包括纯国有企业、国有控股企业以及国有参股企业。狭义的国有企业指纯国有企业，具有国有独资企业、国有独资公司和国有联营企业三种形式。不管如何界定，就其本质属性而言，国有企业属于全民所有，是巩固公有制性质、促进改革创新以及维护群众利益的重要力量，应当具有为人民谋福祉的历史自觉和实践担当。在新时代，生态利益是人民群众根本利益的重要组成和突出表现，人们渴望更加优质的生态产品和更加良好的生态环境，代表人民利益和意志的国有企业应当牢固树立为人民谋福利的自觉意识，突出生态优先的价值取向，凭借自身优势引领绿色发展，在环境保护中发挥重要表率作用。

其二，从国有企业的现实问题来看，污染和碳排的行业聚集倒逼其成为生态治理的排头兵。伴随着改革开放的开启，国企改革也进入全新时代，通过放权让利、以税代利、抓大放小、成立国资委、引入董事会、混合所有制改革等一系列重要举措之后，国有企业攻坚克难，在深化改革的道路上不

① 习近平．高举中国特色社会主义伟大旗帜 为全面建设社会主义现代化国家而团结奋斗——在中国共产党第二十次全国代表大会上的报告（2022年10月16日）[M]．北京：人民出版社，2022：29．

② 习近平著作选读：第一卷[M]．北京：人民出版社，2023：166.

断发展壮大，成为国民经济的“压舱石”。但是也要看到，国有企业仍然面临着亟待解决的问题，钢铁、水泥、煤炭、冶金等行业的产能严重过剩便是其中较为突出的矛盾。产能过剩不仅会导致行业效益下降从而影响整体经济发展，而且产能过剩与环境污染之间存在密切关联。产能过剩是恶化环境污染的重要原因，产能利用率越低，环境污染越大，并且这一现象在重污染行业更为显著。①从国有企业资产总额分布来看，约1/5的国有企业分布在工业领域，资产总额为930083.6亿元，由表4-2可知，在工业领域15个下属行业中，以煤炭行业、石油和石化工业、冶金工业、化学工业、电力工业、电子工业等为主，同时这些行业又存在较为严重的环境污染问题。在工业之外，国有企业资产总额在建筑业、交通运输仓储业分别为497594.8亿元、543714.3亿元，占比达到10.78%、11.77%。②众所周知的是，建筑业属于碳密集型行业，是亟须进行节能减排的大户。《2021中国建筑能耗与碳排放研究报告》显示，全国建筑全过程能耗总量为22.33亿tec（吨标准煤），全过程碳排放总量为49.97亿tCO_2，占全国碳排放50.6%。而交通运输业，在中国是仅次于工业、建筑业之后的碳排放源。因此，从一定意义上讲，国有企业面临着产能过剩和污染过重的双重突出难题，在经济高质量发展和“双碳”目标背景下，这无疑将成为倒逼国有企业积极参与生态治理的重要因素。

表3-2　2021年全国国有企业资产总额工业行业分布（亿元）

行业	总量	占比	行业	总量	占比
煤炭工业	82934.4	8.97%	化学工业	50268.1	5.40%
石油和石化工业	122359.9	13.16%	机械工业	99920.8	10.74%
冶金工业	93945.6	10.10%	电子工业	32331.9	3.48%
建材工业	29402.6	3.16%	电力工业	253334.4	27.24%

注：数据根据《中国财政年鉴（2022卷）》整理计算得出

其三，从国有企业解决环境问题的能力来看，国有企业的禀赋优势与生态治理的艰巨性具有现实适配性。一般来说，生态治理是一项前期投资大、建设周期长的系统工程，前端技术改造、产品结构、设备改良等环节需要投入大量人力、物力、财力，加之政策红利释放减缓、行内竞争日益加剧等因

① 张平淡，张心怡．产能过剩会恶化环境污染吗？[J]．黑龙江社会科学，2016（1）：68—71．

② 中国财政年鉴编辑委员会．中国财政年鉴（2022年卷）[Z]．北京：中国财政杂志社，2022：468—469.

素，在标榜效率和利益的市场条件下，难以吸引足够的资金和力量进场。凭借技术资金供给、政治组织保证、市场开拓以及人才支撑等多方面的优势，国有企业被认为是生态治理的“能力者”。基于此，国家先后颁布《关于化解产能严重过剩矛盾的指导意见》《中央企业节能减排监督管理暂行办法》《关于推进中央企业高质量发展做好碳达峰碳中和工作的指导意见》《2030年前碳达峰行动方案》等政策文件，督促国有企业充分发挥“突进队”的先锋作用，指导国有企业通过化解产能过剩、积极节能减排主动承担生态治理的社会责任。同时，激发国有企业在组织领导、理论决策、资金规模、技术创新等方面的优势带动全行业的积极性和创造性。在实践中，国有企业也正在充分发挥“领头雁”的示范引领作用，例如2018年4月，中国石化便率先启动实施了“绿色企业行动计划”，成为国内规模最大的全产业链绿色企业创建行动，有效指导了企业全方位无空白绿色发展。①

如果说国有企业是推动生态治理的“领头雁”，那么非公企业和资本则是生态治理的“主力军”。在实践中，国有企业充分发挥自身优势和使命担当，以“头雁效应”激发“雁群活力”。具体而言，一是敢于蹚路破冰，通过系统性去产能、结构性优产能等方式争做改革试验的排头兵；二是勇于攻坚克难，通过提升原始创新能力、引领行业规范制定等途径做节能减排的先锋官；三是善于凝聚共营，通过并购重组、注资参股等手段做壮大绿色发展新动能的推动者。必须承认的是，国有企业及其背后的国有资本的确在解决环境污染、节约资源能源、促进经济绿色转型等重要现实问题上发挥着相当重要的引领示范带动作用，这是由其自身在“性质—问题—能力”等方面的特质所决定的，而这也恰恰成为社会主义基本经济制度之下，中国推进生态治理所内含的独特优势。

3.企业环境信用体系是重要抓手

从本质上讲，环境信用是人对自然价值让渡的践约状态，如果信用践约正常则人与自然能够和谐共生，反之则会引发人与自然关系的高度紧张。“信用”一词源于拉丁文“crdeo”，原意为信托、信誉、相信，时至今日，信用已经成为现代社会个人、企业、组织，乃至政府不可或缺的无形资产，是信用主体有序参与生产生活的凭证和基础。2020年3月，中共中央办公厅、国务院办公厅印发《关于构建现代环境治理体系的指导意见》，擘画

① 任来青．国有企业要作生态文明建设的表率[J]．人民论坛，2019（23）：90—91．

了涵盖行为主体、行为依据、监督执行等方面的“七大体系”，环境治理企业责任体系和环境治理信用体系是其中重要内容。企业是环境治理的行为主体，信用是环境治理的重要手段，构建企业环境信用体系对推进生态治理体系和治理能力现代化、完善中国特色生态治理模式具有重要的现实意义。

企业环境信用体系能够有效发挥信用制度对企业主体的约束力和威慑力，有利于中国特色生态治理制度的结构性强化，主要表现为增强制度硬度、延展制度广度、提升制度温度。既然环境信用的实质是人对自然价值让渡的践约，那么，调整人与自然的关系就需要改变人的行为，敦促人类履约践诺，恪守与自然之间的平等契约。制度是约束行为的有力武器，制度建设是生态治理的重中之重。严格来讲，环境信用体系是生态治理制度体系的组成部分，但是不同于垃圾分类、生态补偿等制度，环境信用制度不直接针对某种特定的生态行为，而是能够与众多其他生态治理制度发生有机结合、有效配合，形成更加有力的制度力量。首先，增强制度硬度。当前环境治理的很多问题出现在执行环节，治理政策落地难、效果差成为环境治理的重要瓶颈。社会主义市场经济体制下，信用是企业的生命线，企业失信将有损企业形象，严重者将会被顾客抛弃以及市场淘汰，为避免失信，企业必须加大在垃圾分类、节能减排、废污处理等具体环节中的执行力度。由此可见，环境信用体系切中企业发展要害，能够有效增强制度硬度，使制度成为“有牙齿的老虎”。其次，延展制度广度。企业环境信用体系不仅能对规模以上企业产生约束力，同时也能覆盖众多小型企业，这得益于信用奖惩的联动机制。企业环境信用体系要想真正发挥作用，就要建立“一处失信、处处受限”的强力机制，企业在环境治理方面的失信，直接与企业的融资、生产、销售、年报、税负等各个环节密切挂钩，这极大延展了制度广度，使得每个企业主体都需要遵循相关环境保护制度，以维持自身正常的市场参与者身份。最后，提升制度温度。制度既要有力度，更要有温度，缺乏温度的制度是不完善的制度。企业环境信用的本义并非惩罚，其目的在于规范企业行为，帮助企业牢固树立生态意识和信用意识。企业环境信用体系的内容指标具有多元性和系统性，等级评价具有动态性和调整性，能够更加精确及时地反映不同类型企业的真实环境信用，以及企业在特定时期内的信用变化。

企业环境信用体系的构建具有系统性、整体性和特殊性的特点，国家在制定统一政策的同时，鼓励地方根据经济发展水平、生态环境状况以及其他相关情况来进一步细化规则。但就其共性而言，企业环境信用体系构建必须遵循以下基本原则。

第一，守信激励和失信惩戒相结合。这是企业环境信用体系构建以及得以运行的基本机制，激励提高守信收益，而惩戒则增加失信成本，正向强化与反向约束相互配合远比单一方向的措施更加具有威慑力和引导力，有利于“守信受益、失信难行”的观念深入人心，正如习近平总书记强调指出：“对突出的诚信缺失问题，既要抓紧建立覆盖全社会的征信系统，又要完善守法诚信褒奖机制和违法失信惩戒机制，使人不敢失信、不能失信。”[①]需要指出的是，在守信激励和失信惩戒相互配合的过程中，不可过分倾斜于守信激励，避免造成以守信换取优待的不良导向，因为守信本就是企业应当坚守的道德底线和市场准则，而非奖励的交换条件。

第二，信息集成和信用共享相结合。这是企业环境信用体系构建的技术条件。企业环境信用的信息主要包括环保行政许可、环境保护税缴纳、建设项目环境管理等基础类信息，以及环境行政处罚、违法责令整改、突发环境事件等不良类信息。信息是信用形成的基础，只有及时、准确、完整的信息才能反映真实的信用，同时，以信息为基础的信用必须实现共享，才能真正发挥其威力，因此要加强数据平台的信息化以及信用评价队伍的专业化建设，完善信用信息跨地区、跨部门的共享机制，从而夯实信用体系的数据基础，实现信用信息互通互联。

第三，硬性规范和柔性培育相结合。这是企业环境信用体系构建的强化手段。当前在信用体系构建过程中，存在重制度轻道德的倾向，这与社会发展和时代特征不无关系。信用的本义是相信、信誉，是道德范畴重要的概念，是诚信文化和传统美德的重要内容，因而，企业环境信用体系的构建要融合道德培育的方法，将硬性规范与柔性培育相结合，德法并重，将道德的精神价值导向和制度的物质利益导向共同作用于企业环境信用体系的完善。

第四，外部约束和内部管理相结合。这是企业环境信用体系构建的内在要求。企业环境信用体系构建的最终目的在于提高信用主体，即企业的自觉守信意识。因此，在加强政府监管、社会监督、第三方监测等外部约束的同时，要注重企业内部的信用管理，要求企业内部设立专兼职的信用管理人员，完善内部管理制度，主动进行内部监测和信息公开，使守信真正成为企

---

① 习近平．坚持依法治国和以德治国相结合 推进国家治理体系和治理能力现代化[N]．人民日报，2016-12-11（01）．

业的自我意识和自觉行动。

第五，固态标准和动态调整相结合。这是企业环境信用体系构建的重要补充。企业环境信用评价的标准和规定是固定的、明确的，但是就具体的企业主体而言，其环境信用是动态的、调整的。要建立健全信用名单准入准出机制和信用修复机制，允许失信企业以内部整改、接受核查、提交报告、作出承诺、公益慈善等方式开展信用修复，并及时通过数据平台向社会公布。同时，要及时降低环境信用恶化的企业的信用等级，动态调整环境信用红黑名单，营造企业良性竞争的环境和市场整体守信的氛围。

（四）社会组织和公众共同参与

作为社会参与的重要主体之一，社会组织由非政府力量发起成立，旨在实现特定目标，大多为公共性、公益性目标。一般来讲，社会组织具有民间性、非营利性、公益性、自愿性和自治性等特征。[①]得益于这些属性特点，社会组织成为政府和市场不足的重要补充力量。

一方面，社会组织弥补了政府治理的欠缺。为人民服务、为人民谋福祉是政府进行公共治理的最终目的，但是群众多元化、快增长的需求时常令政府捉襟见肘，大包大揽式的服务方式难以有效解决社会治理的供需矛盾，其结果往往也是不尽如人意的，社会组织的出现则很好地弥补了政府服务的不足。同时，政府行政命令式的刚性治理手段存在一定的效用局限性，在发生意见分歧乃至是利益冲突时，不仅不能将治理措施进行有效贯彻落实，反而还会引起或加剧群众的不满与抵触。在这种情况下，社会组织的柔性治理方式成为政府治理的重要补充，民间性、自愿性、自治性的特点使得社会组织似乎更加具有说服力和引导力，因为民间性和自治性天然将社会组织和群众划归到同一阵营，而自愿性则确保了组织成员或参与者对组织的高度认同和信任，可以试想，自愿参与社会组织的一场公益环保活动可能比政府铺天盖地的海报标语更具深厚感染力和长远影响力。

另一方面，社会组织弥补了市场治理手段的失灵。正确处理政府与市场关系，形成二者“1+1>2”的治理合力是创新社会治理、提升治理能力的必要课题。市场作为社会经济发展的重要主体，在有效配置资源、奠定物质基础、满足非基本公共服务等领域具有无可置疑的功能。但是市场

---

① 夏建中，张菊枝．我国社会组织的现状与未来发展方向[J]．湖南师范大学社会科学学报，2014（1）：25—31．

主体在参与生态治理过程中不可避免地带有营利性，甚至是逐利性的特点，除了政府的宏观调控和引导，社会组织的非营利性和公益性也是弥合市场短板的重要补充。全球环境治理实践也证明，非政府组织是生态治理的重要力量，承担包括环境规范履行的监察者（watchdog）、环境价值感知者（value perceiver）、实地行动者和行动协调者（field actor and action coordinator）、知识传播者（knowledge transmitter）和协调治理合作者（partner in collaborative governance）等在内的五类角色和功能。①

公众是生态治理最基础的单元，是构成生态治理合力的中坚力量。公众参与是以法律条文确定的我国环境保护所必须坚持的基本原则之一。在生态治理的诸多环节和领域，公众都扮演着极其重要的角色。在生产领域，个人独资企业以及一些小微企业由个人进行出资、管理和经营，作为独立出资人，公众的生态意识以及对生态环境问题的认识和理解在很大程度上决定了企业的经营理念和生态价值观。在生活领域，公众是组成社会最基本的个体，是绿色生活方式最直接的践行者，每个公众的绿色生活践行汇集起来才能形成整个社会绿色生活的良好氛围。在监督环节，公众可以通过热线、微信、微博等方式向各级环境保护主管部门举报有害生态的行为或事项，可以选择检举、上访、诉讼等不同形式对行政决策执行情况实施监督。在行政决策环节，公众可以通过参加政府组织的听证会、论证会等，表达自己的利益诉求和看法观点，以便参与到生态治理的行政决策之中。总之，公众始终是生态治理主体的重要组成部分，应当充分激发公众的积极性和创造性，发挥其在生态治理中的协同参与作用。但现实情况是，我国公众虽然在多个方面的行为表现逐年有所提升，但是参与生态治理的积极性和自觉性还有进一步提升的空间，公民生态环境行为调查报告（2022年）显示，公民在不同领域实际行为表现存在差异，在“践行绿色消费”“参加环保实践”“参与监督举报”方面表现一般，报告还根据不同人群特点识别出五类典型人群，其中独善其身者（35%）在公共领域行动力较弱，呈现“高意愿，高私人领域行为”特点；公共参与者（16%）在私人领域表现一般，呈现“高意愿，高公共领域行为”特点；行动不足者（8.1%）在私人和公共领域均表现出“高意愿、低行为”的特点；消极旁观者（18.7%）呈现“低意愿、低行为”的特

① L Slavíková, RU Syrbe, J Slavík, A Berens. Local environmental NGO roles in biodiversity governance: a Czech-German comparison [J]. GeoScape，2017,11(1):1–15.

点，在私人和公共领域表现较差，既缺乏采取行动的意愿，也无法付诸有效的具体行动。[①]

其一，个人生态知识、意识薄弱。就生态治理领域而言，个人的行为方式和生活习惯在很大程度上取决于个人的知识和意识。一个人如果缺乏对生态环境问题的基本认识和保护生态环境的基本意识，也就很难主动将绿色消费、绿色出行、建言献策等付诸实际行动。对此，要进一步加强环境保护的宣传和普及工作，教育相关部门应当将环境保护知识纳入教育教学体系，系统传授生态知识，渐进培养生态意识。在宣传、普及、教育过程中，要注重方法创新，将理论方法与实践方法相结合、线下方法与线上方法相结合，通过社会实践、亲子互动、融媒体宣传等形式强化教育效果。

其二，政策制度不健全。政策制度的细化完善是公众参与生态治理的重要保障，在具体参与过程中，通过信息公开、有奖举报、社会听证等制度的完善确保公众参与生态治理的知情权、监督权以及表达权等基本权利，通过环境公益诉讼制度、市场监管制度、绿色产品认证制度等来维护巩固公众生态治理成果，在提升公众参与感、获得感、成就感的基础上增强公众协同参与生态治理的思想自觉和行动自觉。

其三，平台渠道不完善。无论主观意愿如何强烈，如果平台缺失、渠道受阻，那么公众也难以真正参与到生态治理当中，同时，平台渠道的丰富性、便捷性、畅通性反过来也能强化公众的参与意愿。因此，要鼓励基层行政部门与社会组织开展务实合作，打造生态治理的多元参与平台，以互联网技术为支撑增强参与平台和渠道的可及性和便捷性，进而在整体上不断拓宽优化公众参与生态治理的平台和渠道。

第二节　以社会关系为本质指向的治理客体

生态治理客体是相对于主体而言的，客体是主体认识活动和实践活动的对象，如果说中国特色生态治理的主体是党中央集中统一领导下的多元主体，那么客体就是生态治理的对象，即制约人类社会系统和自然生态系统和谐共生的各种不利因素，也就是我们通常所说的生态环境问题这一概念。生态环境问题是生态治理的逻辑起点，只有准确把握问题才能抓住生态治理的

① 《公民生态环境行为调查报告（2022年）》发布[EB/OL]．生态环境部环境与经济政策研究中心官网，[2023-06-29]．http://www.prcee.org/zyhd/202306/t20230629_1034892.html.

"牛鼻子"。生态环境问题表象在自然领域，表现为环境污染、资源浪费、生态破坏等，但是其实质在社会领域，生态环境问题与经济、政治、文化等有着深层次的内在关联，所指向的是社会关系。因此，要以社会关系为切入角度对生态环境问题进行本质认识。

（一）生态环境问题的表面显现

自新中国成立，尤其是改革开放以来，我国经济发展取得历史性成就，同时也给生态环境带来了巨大负面影响。随着人们对自然环境内在价值认识的加深，在全社会范围内，生态意识逐步觉醒，绿色理念日益深入，生态治理行动渐次展开，我国生态恶化的整体态势得以改变，环境状况稳中向好。但必须承认的是，环境污染等生态环境问题还远未彻底解决，生态治理任重而道远。

环境污染问题。在人们的日常生产生活中，不可避免地会释放某些物质，当这些物质超越环境系统的吸纳阈值，自然环境的稳定结构会被破坏，进而也将危及人类自身健康和生存，这些过程或现象就是我们通常所说的环境污染。从自然要素来看，主要包括大气、水体、土壤等污染。一般而言，污染物的毒性浓度和留存时间会自然衰减，最终在自然系统的自净过程中消失殆尽，但是由于人类行为的介入，污染物短期内过量排放、环境自净系统遭受破坏以及自然环境难以降解物质的生产制造，这些最终导致环境污染的集中暴发。在过分追求经济发展的过程中，工业生产如火如荼，生产过程中产生的大量废弃物，在未经有效处理甚至是未经处理直接排放到自然之中，引发了诸如白洋淀污染事件、太湖蓝藻事件、浏阳镉污染事件等极为严重的环境污染事件，极大扰乱了人民群众的日常生产生活。为了应对日趋严重的环境污染问题，党和国家决策部署蓝天、碧水、净土三大保卫战，制定"大气十条""水十条""土十条"等指导性法规，有效控制了环境污染的恶化趋势。但是截至目前，2022年中国生态环境状况公报显示，全国337个地级及以上城市中，126个城市环境空气质量超标[①]，占37.2%；全国在地表水、主要江河、湖泊（水库）、地下水监测的水质断面中，Ⅳ类—劣Ⅴ类[②]占比

---

① 环境空气质量超标：参与评价的六项污染物浓度均达标，即为环境空气质量达标，反之，则超标。$PM_{2.5}$、PM_{10}、SO_2和NO_2按照年均浓度进行评价，O_3和CO按照百分位数浓度进行评价。

② 根据《地表水环境质量标准》（GB 3838—2002），Ⅰ、Ⅱ类水质可用于饮用水源一级保护区、珍稀水生生物栖息地、鱼虾类产卵场等；Ⅲ类水质可用于饮用水二级保护区、鱼虾类越冬场、洄游通道、水产养殖区、游泳区；Ⅳ类水质可用于一般工业用水和人体非直接接触的娱乐用水；Ⅴ类水质可用于农业用水及一般景观用水；劣Ⅴ类水质除调节局部气候外，几乎无使用功能。

分别为12.1%、9.7%、26.2%、22.4%（只含V类）；全国近岸海域水劣四类海域面积占比8.9%；全国县域生态质量四类和五类县域面积占比9.8%。客观而言，我国污染防治攻坚战还未取得根本胜利，生态环境治理仍然存在诸多难题。

自然资源问题。自然资源是天然存在于自然界，有利于人类福祉的自然因素的总称。按照可再生属性可以分为三类：一是可再生资源，如光能、风能、地热能资源等，在可预见的时空条件内，基本可以实现无偿使用；二是半可再生资源，如草地资源、森林资源等，在使用合理的前提下可以实现短期再生和循环利用；三是不可再生资源，如各类矿产资源、化石燃料等，几乎在人类可预见的时间内无法再生；自然资源为人类社会发展提供了重要的能源动力和原始材料，构成了人类社会可持续发展的物质基础。从现实情况来看，我国自然资源主要存在以下问题：一是人均资源占有量偏低。总量丰富人均不足是我国资源储备的显著特点，中国民生银行发布的《中国与世界主要经济体发展对比启示及政策建议2020》显示，我国在水资源、耕地面积、已探明石油储量、已探明天然气储量、铁矿石储量等主要自然资源上，人均占有量分别为世界平均水平的35%、39.6%、8.8%、17.1%、46.2%，与高收入国家相去更远，这是我国经济社会发展的重要短板和潜在风险。二是化石能源占比高，能源结构有待进一步优化。当前，我国在大力发展清洁能源，着力推进“煤改电、煤改气”等煤炭替代战略，取得显著成效，非化石能源消费占比上升，基本达到世界平均水平。但是，化石能源仍然是能源消费的主体，2019年我国化石能源消费量达41.2亿吨标准煤，其中煤炭、石油、天然气在一次能源消费中分别占比57.7%、18.9%、8.1%。[①]同时，化石能源在能源供应链中也占主导地位，化石能源产能过剩的化解遭遇难题。三是资源消耗大，利用水平有待进一步提升。中国民生银行研究院显示，2018年我国单位GDP一次能源消耗约为129克标准油当量／美元，国内生产总值每增加1美元需要释放0.372千克CO_2，这些指标虽然自改革开放以来持续下降，趋近世界平均水平，但仍存在较大提升空间。

生态失衡问题。生态失衡是生态平衡的对立状态，生态平衡是指在特定生态系统内，通过能量转换、物质传输、信息传递等在生物内部及其与环

① 国务院发展研究中心资源与环境政策研究所．中国能源革命进展报告（2020）[M]．北京：石油工业出版社，2020：1．

境之间形成的高度稳定、相互依存、协调统一的状态。由于人类对自然不加克制的开拓和改造，生态平衡状态被打破，生态失衡问题随之而来，在具体显现上，主要表现为植被退化、土地沙化、生物资源锐减、气候变化加剧、自然灾害频发等生态环境问题。2022中国生态环境状况公报显示，全国水土流失面积267.42万km^2，土地荒漠化面积257.37万km^2，土地沙化面积168.78万km^2；全国已知高等植物、已知脊椎动物中，受威胁以及近危物种分别占比17.7%、38.3%。除此之外，2022年，全国共发生地质灾害5659起，共发生森林火灾709起（其中重大火灾4起），草原火灾21起，主要林业、草原有害生物危害面积达1187.1万公顷、7.2亿亩，发生赤潮、绿潮海洋灾害面积3328平方千米、135平方千米。

总的来说，生态治理最直接针对的就是这些呈现于表面的问题，治理措施和政策的制定以其为导向，因此面对严峻的空气污染、水污染、土壤污染，在部署污染防治攻坚战的宏观层面，国家将打赢三大保卫战，即蓝天保卫战、碧水保卫战以及净土保卫战作为当前生态治理的主攻方向和重点工作。这里需要强调的是，环境污染、资源短缺以及生态失衡等问题都是由悖逆自然规律的生产方式和生活方式所引发的，解决问题必须从克服不科学、不合理的人类行为入手。

（二）生态环境问题的深层关联

揆诸现实，生态环境问题不只是经济问题、政治问题，还是重大社会民生问题，正如习近平总书记所强调，“环境问题既是重大经济问题，也是重大社会和政治问题”“生态环境是关系党的使命宗旨的重大政治问题，也是关系民生的重大社会问题”。由此可见，生态环境问题虽表面显现于自然领域，实则与社会领域的各方面有着深层的内在关联。

生态环境问题与经济的内在关联。生态环境问题与经济的内在关联主要体现在经济发展方式上，无论是污水、废气、固体废弃物等污染问题，还是资源浪费、资源过度消耗等资源问题，都指向了人类的经济活动或经济行为，因此可以说，生态环境问题归根到底是经济发展方式问题。所谓经济发展方式，就是生产要素投入分配组合使用的方式。过去传统的经济发展方式以资本、劳动密集型为主，靠投资和外需拉动，整体上呈现“三高一低”的粗放特点。现代的经济发展方式以技术密集型为主，依靠创新和消费驱动，呈现高效集约的特点。站在新的历史起点，基于国际环境和国内发展的深刻变化，要想通过转变经济发展方式来解决生态环境问题，必须切实做好几个方面的转变，即由依靠投资、出口的外向型发展格局向国内国际双循环新格局转变，由要素投资驱动向技术创新驱动转变，由工业经济向数字经济转变。

生态环境问题与政治的内在关联。从生态环境问题的产生来看，当我们追问经济发展方式是如何作用于生态环境从而产生负面后果、污染企业为何禁而不绝等问题时，我们发现这里面关涉重大政治问题。如果主政地方的党政领导干部缺乏科学的发展观和政绩观，存在唯GDP、轻生态重经济、轻百姓重政绩等错误认知，那么很容易出现以生态换经济的行为，更有甚者，会出现权钱交易、以权谋私的违法犯罪行为。秦岭北麓西安段违建别墅就是典型事件，为个人私利不惜以环境为代价，面对中央多次指示批示而敷衍塞责、应付整改，究其原因，党政领导干部生态意识和政治意识薄弱、理想信念丧失、背弃人民立场与党的宗旨是其深层缘由。从生态环境问题的解决来看，党政干部敢作为、真作为将在很大程度上利于生态领域沉疴痼疾的治理和克服。关人民生态之切、解群众环境之忧、造百姓绿色之福是我们党新时代的重大政治任务，是对我们党执政理念以及本领的重大考验。除此之外，从国际角度来看，达成国家自主贡献、应对气候变化是开展气候外交、维护国家生态安全的重要内容。

生态环境问题与社会的内在关联。毋庸置疑，生态是关系民生的重大社会问题，需要指出的是，这里的社会是与经济、政治、文化相对的狭义概念，集中表现为社会民生。从人民群众角度来看，天蓝、地绿、水清是人们所向往的美好生活的底色，洁净的空气、干净的水源、安全的食品等是人们享受美好生活的基础。以良好生态环境为基础的生态湿地公园、生态园林展馆、生态文化旅游区、生态康养基地等不仅为人民提供了更加优质的生态体验和生态享受，同时为当地群众创造了创业就业、增收致富的有利条件。因此，解决好生态环境问题是提升群众生活幸福指数、增进群众福祉的重要手段。从国家和社会角度来看，着力解决突出环境问题、守护良好生态环境是全面建成小康社会的重要组成。环境污染、生态恶化不应成为全面小康的生活场景，全面小康是经济健康发展、民主持续扩大、文化更加繁荣、民生显著提升以及生态更加优美的全面发展的小康，从这个意义上讲，生态环境问题的解决助益全面小康建成，而全面小康的建成将会反过来带给人民群众更加充沛的获得感和幸福感。

（三）生态环境问题的本质认知

要想从本质上认识生态环境问题，首先需要对问题这一概念本身进行深入剖析。问题是具有层次的，诸如河流黑臭、黄沙漫天、垃圾围城等问题，是直接呈现出来的问题，是可以被社会个体在社会实践中所直接感知和把握的，我们将其归到社会问题的范畴中。不同于这类问题，产生问题的问题是潜藏在问题背后的根源性问题，集中表现为基本制度政策问题，我们将其称为社会工程问题。社会问题和社会工程问题的界限主要体现在表现差别、机制差别、性质差别、解决方法差别[①]，社会问题是直接呈现的，而社会工程问题是潜在的，处于现象背后的本质层面；引发社会问题的机制是多元的，可能是政策设计问题，可能是协调沟通问题，也有可能是地理环境问题，而社会工程问题的形成机制相对固定，主要集中在方案设计层面；社会问题的性质存在较大差异，影响的时间和空间范围会因不同问题而有显著差异，而社会工程问题属于政策制定层面问题，一般会对社会造成根本性、普遍性和持续性影响；社会问题的解决方法多样，且复杂程度不一，而社会工程问题的解决依赖于多科学知识的综合集成，需要耗费较长时间。一般而言，社会工程问题必然会导致社会问题，社会问题是社会工程问题的直接表现，但并非所有社会问题背后都存在突出的社会工程问题。就生态环境问题而言，其背后对应着突出的社会工程问题，环境污染、资源短缺以及生态失衡问题是由于经济社会发展的宏观模式选择和政策制定出现偏差，与生态系统的内在运行规律相悖所致，由此可见，要想准确把握生态环境问题，并且从根源上解决生态环境问题，必须深入到整个社会的制度设计层面。

在人与自然关系问题上，马克思、恩格斯对资本主义制度的批判实际上已经将生态环境问题上升到社会制度的本质层面，人类本身的和解是人与自然和解的社会前提，这为从本质上认识生态环境问题提供了重要的理论指导。人与人的关系在人与自然关系的基础之上生成和发展，面对强大的自然和不断扩张的需求，单打独斗终究难以为继，必须“以群的联合力量和集体行动来弥补个体自卫能力的不足”[②]，劳动产品的交换等也需要这种联合，社会关系由此日益丰富和发展。马克思主义认为人与自然是本质依赖和价值统一的，一方面，自然是人类存在发展的基底。人本身就是自然成员之一，

---

① 王宏波．社会工程学导论[M]．北京：科学出版社，2021：99—100．

② 马克思恩格斯选集：第四卷[M]．北京：人民出版社，2012：42．

人的生存和健康需要“呼吸着自然力”，因而可以肯定地说，人是自然的有机组成部分，“人靠自然界生活”。另一方面，人之于自然也是必要的存在。人是自然生态系统物质循环、能量转换、信息传递、价值实现过程中重要一环。更重要的是，“在人类历史中即在人类社会的形成过程中生成的自然界，是人的现实的自然界，……是真正的、人本学的自然界”[①]，而“被抽象地理解的、自为的、被确定为与人分隔开来的自然界，对人说来也是无”。[②]质言之，现实自然并非脱离人类社会的纯粹自然，而是在人类实践活动中变化、发展的自然，人与自然是交织耦合的，人在与自然的实践互动中实现价值，自然在人的实践中升华价值。人—自然—社会三者内在的、紧密的联系决定了解决人与自然的矛盾必须放到人与人的社会关系中，对此，恩格斯最早提出了“两个和解”思想，人与自然的和解以人类本身的和解为前提和基础，在马克思、恩格斯看来，资本主义制度的发展加剧了人与人之间的异化和对抗，阻断了人与自然的和解。由此可见，“两个和解”的解决之道在于变更资本主义社会制度，调节和改善人与人之间的关系。中国特色生态治理本身就是在社会主义基本制度框架之下展开的，不存在社会制度的根本性厘革，但羁绊生态治理的社会关系的问题部分和不利环节亟待调整。

揆诸现实，生态环境问题归根到底是经济发展方式问题。[③]只有形成绿色的、可持续的经济发展方式，才能实现生态环境问题的源头性解决。实际上，绿色发展既可以理解为一种发展理念，也可以从实践角度理解为一种经济发展的方式，是突破传统而被注入绿色价值内核的经济发展方式，是秉持人与自然和谐共生理念的经济发展方式。从经济发展方式的角度去理解生态环境问题，这是在继承马克思恩格斯人与自然关系精髓基础上，对生态环境问题本质认识的进一步聚焦。经济发展方式是关涉生产要素的问题，社会生产关系是关涉生产资料归属、产品利益分配以及生产中人的权力地位的问题，生产要素如何分配和组合在一定程度上取决于社会生产关系。可以看到，相对于经济发展方式，社会生产关系是一个更加丰富、更加基础的范畴，社会生产关系在一定程度上决定和制约着经济发展方式。总而言之，生态环境问题的复杂性要求以深刻的、辩证的眼光对其加以审视，生态环境问

---

① 马克思恩格斯文集：第一卷[M]．北京：人民出版社，2009：193．
② 马克思恩格斯文集：第一卷[M]．北京：人民出版社，2009：220．
③ 习近平关于社会主义生态文明建设论述摘编[M]．北京：中央文献出版社，2017：25．

题的表象在自然领域，内在本质实则在社会领域，尤其是社会生产领域，生产方式的绿色化变革是解决生态环境问题的治本之策，因而对生态环境问题的本质认识要深入到社会关系层面，对生态治理的推进要深入到社会关系的调整和再生产之中。

第三节　“人民—社会—国家”三位一体的治理目标

生态治理是具有目标定位和价值取向的过程，目标设置能够为生态治理指明正确的方向，是推动生态治理不断深化的重要牵引力。为了实现人与自然和谐共生的最终目标，可以从人民、社会、国家三个层面构建三位一体的治理目标体系，三个层面的目标是渐进的、紧密联系的，经济高质量可持续发展是满足人民对优美生态环境的需求、擘画全面建成社会主义现代化强国的重要物质基础。社会主义现代化强国内在地包含生态环境建设，因此，满足人民对优美生态环境的需求是全面建成社会主义现代化强国的重要前提。

（一）以优质生态产品满足人民对美好生活的需求

所谓美好生活，在特定历史时期有着不同的内涵表述和评价标准，在物质匮乏和生活水平相对落后的年代，吃饱穿暖的基本生存需求可能就已经构成了人们对美好生活的全部设想。生产力的提高带来了深刻的社会变化，社会主要矛盾适时转变，人民对美好生活的向往愈发丰富，从物质文化需求不断向教育医疗、公平正义、生态环保等需求延展。就生态治理而言，其重要功能就在于创造并提供优质的生态产品以满足人民对美好生活的需求。

对生态产品概念的理解见仁见智，学术界尚未有统一界定。《全国主体功能区规划》将“提供生态产品”作为国土空间开发的重要理念之一，并对生态产品进行界定，认为生态产品指维系生态安全、保障生态调节功能、提供良好人居环境的自然要素，包括清新的空气、清洁的水源和宜人的气候等。[①]此外，生态产品的外延还应当包括以自然要素为基础的服务类产品，如休闲旅游、生态康养、景观欣赏等。虽然同为必需品，但是与农业或者工业产品不同的是，生态产品具有明显的公共性和再生性，其产品供给平等地向所有人开放，并且在生态系统的承受峰值之内基本能够实现取之不尽用之不竭，也正是由于这两大特性，自然很容易被视为“资本的免费礼物”，沦

① 国务院办公厅．国务院关于印发全国主体功能区规划的通知[EB/OL]．中国政府网，[2011-06-08]．http://www.gov.cn/zwgk/2011-06/08/content_1879180.htm

为人们片面追求物质发展的攫取目标和牺牲对象。改革开放以来，中国特色社会主义发展进入快车道，生产力的迅猛发展为人们提供了丰盈的物质产品，物资匮乏的年代逐渐成为历史，在此基础上，文化产品也蓬勃发展以不断满足大众的精神需求。与此形成鲜明对比的是，原本随处可见的蓝天、碧水、净土成为不可多得的稀缺产品，优质生态产品供给问题更是成为制约新时代发展和人民对美好生活向往的突出短板。

人民群众对优美生态环境的旺盛需求既是物质生产力快速发展的必然结果，也是人实现自身全面发展的必然要求，它为生态文明建设的深入实践和中国特色社会主义的完善发展指出了明确的方向。为此，我国给予高度重视，党的十八大提出要“增强生态产品生产能力”，党的十九大报告更是明确强调，要提供更多优质生态产品以满足人民日益增长的优美生态环境需要，将生态文明列入宪法，把生态治理上升为党的意志和法律意志。同时，我国大力开展“三大保卫战”，实施退耕还林还草、天然林保护等重大生态工程，为满足人民对美好生活的需求付诸切实行动。从问题解决的紧迫性和重要性双重维度来看，损害群众健康的突出环境问题、优质生态产品的有效供给问题是人民群众最为关心的问题，也是当前生态治理的所要面对的最直接的问题，它体现了生态治理主体最直接的价值诉求。因此不难理解，生态治理必须确保以优质生态产品的有效供给来满足人民对美好生活的需求，这构成了中国特色生态治理模式在人民层面的目标诉求。

（二）以有限资源环境承载力促进经济可持续发展

资源环境承载力是生态治理的重要概念，资源环境承载能力监测预警机制更是被确定为深化生态文明体制改革的重要方面，因而频频出现在《中华人民共和国环境保护法》《关于加快推进生态文明建设的意见》《生态文明体制改革总体方案》等重量级法律条文和政策文件中，足见资源环境承载力这一体现底线思维的概念的重要价值。对于资源环境承载力的定义，尽管各方表述不同，但是其核心观点大致相同，结合相关文件阐述，我们认为，资源环境承载力是指，在特定的时空情境内，在维系人类社会系统和自然生态系统基本稳定态势的前提下，区域资源环境容纳支撑生产生活、城乡建设等人类活动的能力。自然生态由资源和环境两大基本系统构成，又进一步分别包括草原、淡水、化石燃料等自然资源和大气环境、水域环境、土壤环境等要素。自然资源为经济社会发展提供必要的物质基础和原始材料，自然环境则大量吸收消解了经济社会发展所产生的垃圾和污染，因而换言之，资源环境承载力是由资源供给能力和环境承载能力共同构成的复合承载力。自然生态系统是一个具有内在生命力的有机整体，其能量传输、物质转换、形态转变无一不遵循特定的规律，资源系统具有自我再生能力，环境系统具有自我净化能力，所以从理论上讲，资源环境系统能够在相当长的时间内负荷人类社会的发展和延续。但实际情况是，由于地理环境的特殊性和庞大的人口基数，我国人均资源占有相对匮乏，以水资源为例，2021年我国人均占有量为2098.5m^3，[①]不足世界平均水平的1/3，同时27.3%的重要湖泊（水库）存在水体富营养化问题（包括中度富营养和轻度富营养）[②]，加之改革开放以来，我国经济总量的跨越式增长给资源环境造成了巨大压力。所以总的来说，我国资源环境超载现象比较普遍和严重，资源环境承载力趋近极限。

经济发展和环境保护具有不可分割的内在联系，资源环境既是经济发展的物质基础，同时其有限性也给经济发展设定了自然阈值和生态临界，但经济社会的发展却又不能裹足不前进、停滞不前。面对资源环境的有限性与经济社会发展的持续性之间的相互矛盾，在以往经济发展和环境保护“零和博弈”思维惯性的影响下，我国也曾走过牺牲资源环境换取经济效益的粗放型发展道路。随着外部资源环境约束趋紧以及生态文明意识觉醒，经过长期的理论研究和实践探索，具有中国特色的生态治理模式日臻完善。立足于经济社会长久发展，从协调经济发展与资源环境到建设资源节约和环境友好的“两型社会”，再到碳达峰碳中和，中国特色生态治理始终秉持经济与生态共融共赢的理念，努力寻找经济发展与资源环境之间的平衡点，通过变革生产方式来提高资源利用、减少资源消耗和污染输出，在资源环境有限承载力的基础上促进经济社会可持续发展。

（三）以美丽中国擘画社会主义现代化强国新愿景

党的十八大针对生态文明建设提出“美丽中国”概念，强调突出生态文明的战略地位，要求全面推进“五位一体”总体布局。党的十九大提出加快构建生态文明体系，确保到2035年，基本实现美丽中国的目标。党的二十大从社会主义现代化强国的高度出发，规划了“城乡人居环境明显改善，美丽中国建设成效显著”的任务目标。“美丽中国”以最质朴直白的词汇描绘出党和国家在生态文明建设方面的长远目标，勾勒出人们不懈追求的理想生存

---

① 国家统计局．中国统计年鉴：2022[M]．北京：中国统计出版社，2020：236．

② 2021中国生态环境公报[EB/OL]．中华人民共和国生态环境部，[2022-05-26]．https://www.mee.gov.cn/hjzl/sthjzk/

场景，就其内涵而言，应当包含两个层面。一方面，美丽中国首先要体现生态美。湖光山色、草长莺飞、水木清华、日月星辰，这些是大自然的原始生态之美，也是大自然给予人类最美好的礼物，因为对人类来说，只有青山绿水的生态空间，才能造就适度宜居的生存空间。然而对物质财富的片面追求把人推向了自然的对立面，自然在人类社会阔步前进的同时变得千疮百孔，为此，我们有责任也有义务通过治理还自然以山清水秀，留子孙以美丽中国。另一方面，美丽中国还要体现在人性美。这里的人性美侧重表达生态的人性之美，指人们在节约自然资源、保护生态环境、践行绿色生活方式等过程中所显现出的善良本性和高尚品质。生态治理不仅需要善治外在的物质环境，更需要提升内在的精神境界，只有当个人形成强烈的生态意识，社会营造良好的生态风尚，才能真正实现美丽中国建设。

中国的现代化是经济、政治、文化、社会、生态文明共同推进的现代化，全面性特征是中国社会主义现代化战略的鲜明标志。①众所周知，现代化是人类共同的发展诉求，是一个共性与个性相统一的过程，其共性主要表现为由传统向现代的发展方向的一致性以及包含经济工业化、政治民主化、社会城市化、价值理性化等在内的主体内容的相似性。与此同时，文化基因、历史传统、社会制度、生产关系等差异又共同交织演绎了现代化的特殊性，形成现代化的多种途径或不同模式。现代化伊始，西方发达资本主义国家是先行者和领跑者，而中国则是现代化的迟到者和缺席者，但是随着中国特色社会主义事业的深入推进和蓬勃发展，中国凭借丰硕的发展成果和宝贵的发展经验逐渐成为现代化的超越者和引领者。在改革开放初期，邓小平同志便提出“中国式的现代化”的概念，强调“我们的现代化建设，必须从中国的实际出发。……照抄照搬别国经验、别国模式，从来不能得到成功。”②在新时代，我们明确强调要建设的现代化是人与自然和谐共生的现代化，建设富强民主文明和谐美丽的全面现代化。换言之，社会主义现代化强国的“强”包含经济富强、政治民主、文化文明、社会和谐以及生态美丽等多个维度，这是在长期社会主义建设与实践中得到的科学判断，体现了对社会主义建设规律和社会主义本质认识的不断深化。从“三位一体”到“四位一体”再到“五位一体”，美丽生态成为社会主义现代化强国建设的重要

① 习近平新时代中国特色社会主义思想基本问题[M]．北京：中共中央党校出版社，人民出版社，2020：154．

② 邓小平文选：第三卷[M]．北京：人民出版社，1993：2.

拼图，也只有着力补齐生态短板，中国才能真正建成现代化强国。因此，立足建设全面的现代化强国高度，是否实现美丽中国成为社会主义现代化强国建设成功与否的重要评价标准，以美丽中国擘画社会主义现代化强国宏伟蓝图自然也就成为中国特色生态治理在国家发展层面的宏观价值目标。

第四节　系统完备的治理制度

道格拉斯·C·诺斯认为："制度是一个社会的游戏规则，更规范地说，它们是为决定人们的相互关系而人为设定的一些制约。"①这种契约常常以惯例、习俗、准则、法规等形式存在于社会的各个方面，并且发挥着重要的作用。里普森认为："所谓制度，是在群体满足公共需求的重复性实践活动中所形成的程式化的行为模式的产物。"②可以看出，无论作为"游戏规则"或是"行为模式"，制度是以约束人的行为活动为切入，作用于人与人之间关系以及社会秩序稳定的一种规则或规范。毫无疑问，制度在人类社会发展的诸多领域发挥着独特的功能，生态治理也不例外，作为一项复杂的系统工程，生态治理需要系统的治理制度做保障，生态治理制度在规制社会主体行为、连接生态理念与生态实践等方面发挥着重要功能。构建系统完备的生态治理制度是一个长期渐进的过程，需要从源头严防、过程严管、后果严惩三个过程维度以及政府、企业、社会三个主体维度进行系统建构。

（一）生态治理制度的关键作用

生态治理是攸关人民福祉、民族永续发展的长远事业，必须予以高度的重视。20世纪80年代起，保护环境被列为基本国策，但是当时的历史条件决定了经济建设是党和国家工作的重中之重，生态治理的制度建设还未取得长足发展。随着对生态环境问题认识的加深和生态治理的不断推进，人们逐渐认识到制度建设在生态治理中的基础性作用，实践经验也表明，凡是涉及复杂利益关系的问题，都须由制度解决，用制度来规范和处理各种复杂关系。生态治理是一场系统的变革，既要求企业进行绿色生产，也要求个人采取绿色的生活方式，同时还要在思想意识层面唤醒人们的生态意识，以实现价值观念的变迁。

---

① 道格拉斯·诺斯．制度、制度变迁与经济绩效[M]．刘守英，译．上海：生活·读书·新知三联书店，1994：3．

② 里普森．政治学的重大问题（第10版）[M]．刘晓，等，译．北京：华夏出版社，2001：44．

1.生态治理制度是规制主体行为的科学选择

生态治理是内涵丰富、结构复杂的系统工程，涉及经济、政治、文化、社会众多领域，包括政府、企业、个人等多重行为主体，需要从生态理念、生态意识、生态制度等多个维度去构建。面对极其复杂的系统，应当以行为规制为重要切入点，正如习近平总书记所说："建设生态文明，首先要从改变自然、征服自然转向调整人的行为、纠正人的错误行为。"[①]对此，可以从以下两个方面加以理解：

从生态治理的策略选择来看。行为是理念意识的外化结果和表达方式，也是制度体系的作用对象。形塑生态意识或生态文化是一个长期的、渐进的过程，且难以明确外在的评价标准，相较之下，规制行为具有针对性高、见效性快、可操作性强的特点，以制度、规章、法律等形式对主体进行负面行为的制约和正面行为的引导，能够在短时间内取得良好效果。改革开放以来经济的高速发展积累了大量的生态环境问题，同时生态基础性制度供给不足的弊端遽然凸显，这使我国面临经济发展和生态保护的双重挑战。为此，应该循序渐进的、由易入难的原则，通过规范社会行为主体，尤其是企业的行为来扭转资源浪费、环境破坏的态势，为制度体系的全面成熟定型、生态意识的深度形成塑造以及生态文化的繁荣兴盛，真正实现人与自然和谐共生赢得时间。

从人与自然的互动关系来看。人类在发展过程中对自然界进行摧残性利用，僭越了本该保持的和自然和谐共处的边界自觉，高度的智慧性和创造性使人丧失本该保持对自然的敬畏之心，结果就是，人类活动愈发成为自然"不能承受之重"，人与自然的关系步入难以转圜的高度紧张状态。对此，恩格斯一语成谶，动物通过它们的活动也在改变着外部自然界，但显然改变的程度远不及人类，因为人对自然界的影响"带有经过事先思考的、有计划的、以事先知道的一定目标为取向的行为的特征"，这是其他动物无法比拟的，动物受外界刺激只发生某种简单的运动，无法像人类一样"在地球上打下自己的意志的印记"。[②]毋庸置疑，是人类行为，而非其他，对自然生态系统造成了直接性的巨大破坏，因而对症下药，实现社会主体的行为合规自觉理应成为生态治理的首要选择。

---

① 习近平关于社会主义生态文明建设论述摘编[M]．北京：中央文献出版社，2017：24．

② 马克思恩格斯选集：第三卷[M]．北京：人民出版社，2012：996—997．

规制行为必须依托制度建设，规制兼有规范和制约之意，既包括对有利于生态治理行为的鼓励和引导，也包括对不利于生态治理行为的限制和约束。参与主体多元化是当前生态治理的重要特征，这就需要对多元主体的行为进行系统整合，通过强化落实不同主体的责任、规制不同主体的行为，实现各主体各司其职、相互配合，努力构建以个人—企业—政府为主，同时以中央环保督察和社会组织为辅的行为规制体系。如图3-1所示，生态治理要落脚于消费方式的转变和生产方式的变革，最终形成绿色的生活方式和生产方式，这是企业主体和社会公众主体所要实现的价值目标。政府作为生态治理的重要主导和监管主体，通过完善社会法治和社会机制使个人和企业的行为有章可循。政府在制定产业政策监督引导企业生产时，一方面，要以破坏生态环境与否而非经济效益大小为衡量标准，对一些偷排“红汤黄水”、搞得大量鱼翻白肚的企业，绝不能心慈手软，要坚决叫停。[①]另一方面，要激励企业走绿色低碳循环之路，勇于承担保护环境的社会责任。社会公众是绿色生活的直接践行者和推动者，要从见缝插绿、绿化祖国做起，从绿色消费、低碳出行做起，从节约资源、积极宣教做起，将建设美丽中国化为持之以恒的自觉行动。中央环保督察和社会组织是生态治理的重要补充，中央环保督察在提升地方政府和重点企业责任意识、优化调整产业结构以及有效破解“格雷欣现象”等方面都发挥着极其有效的作用，而社会组织则是参与生态治理决策、监督政府和企业行为、组织生态实践以及推广生态理念的重要力量。

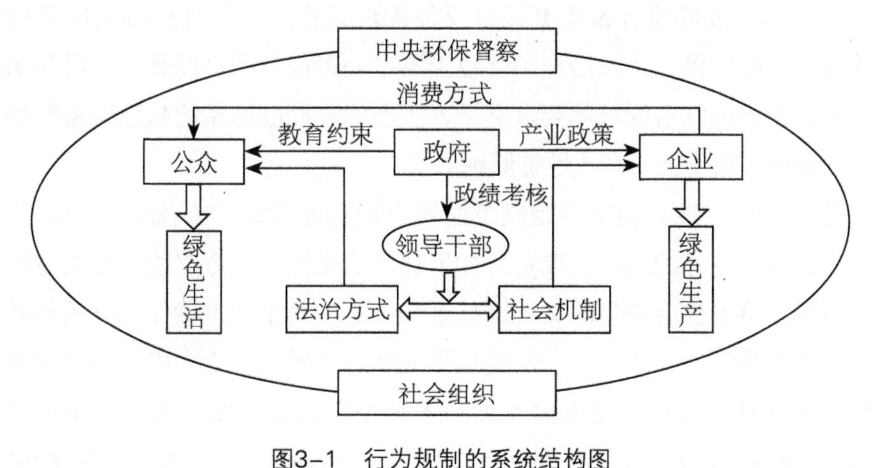

图3-1　行为规制的系统结构图

① 习近平关于社会主义生态文明建设论述摘编[M]．北京：中央文献出版社，2017：84．

2.生态治理制度是生态理念转化为生态实践的重要媒介

系统治理呼唤系统制度，系统完备的治理制度是推进生态治理的重要途径之一，并且在生态治理过程中发挥着不可置换的作用。从“理念—制度—实践”纵向结构来看，生态治理制度是生态理念与生态实践的中间存在，是实现生态理念向生态实践转化的重要媒介。生态理念属于意识形态层面的东西，诸如尊重、顺应、保护自然，绿色发展，保护生态环境就是保护生产力，山水林田湖草沙是一个生命共同体等都是生态理念的具体表达。不难看出，生态治理所表达的是价值规定性、方向指引性的东西，而缺乏必要实践规定性，那么在用生态理念指导生态实践的过程中，如果没有具体的、可操作的规范和制度，生态实践将难以付诸行动。例如，某企业即使非常认同绿色发展理念，但是如果没有围绕绿色发展理念进行制度体系的构建，理念终将只能是存在于人们脑中的抽象想法，而不能成为指导实践的有力武器。此外，一般而言，有什么样的生态理念就会产生什么样的生态行为，人们对生态以及人与自然关系的不同看法就决定了不同的生态行为。在社会主义市场经济体制下，市场的逐利性仍然在很大程度上驱使着人们的行为，这就无法保证人们从生态文明的角度出发来实施自己的行为。不难想象，失去制度的生态治理犹如缺少信号灯的十字路口，一切都会逐利而为、杂乱无章。总而言之，生态治理制度是理念与实践之间的中介和桥梁，能够有效促进生态理念向生态实践切实转化。

（二）生态治理制度的构建原则

每一项制度的设计都需要经过反复的理论推敲，并且在接受实践检验的过程中不断完善。生态治理制度建设不是一蹴而就的，而是一个科学渐进的过程，在系统完备的总体要求之下，生态治理制度体系的构建要遵循稳定性、发展性、系统性、高效性等原则。

其一，稳定性。稳定性是制度之所以成为制度的内在属性之一，作为社会成员共同遵守的规则或准则，如果缺乏稳定性，朝令夕改，那么这项制度也不可能得到社会成员的认可、尊崇和维护。稳定性是确保制度的权威性和延续性的基础，一般而言，制度是不能随意变更的，许多根本和基本制度被写入宪法法律，就是要保障制度“不因领导人的改变而改变，不因领导人的看法和注意力的改变而改变”[①]。同时，只有稳定的、经受实践检验的

---

① 邓小平文选：第二卷[M]．北京：人民出版社，1994：146．

制度才能延续下去，在中国特色社会主义的伟大事业中长期发挥作用。需要指出的是，制度的稳定性是高度的相对稳定性，但并非一成不变，制度也需要在社会进步过程中不断创新发展，这就是制度体系所必须具备的发展性。

其二，发展性。制度体系的成熟定型并非指制度的固定化、模具化，而是要形成相对稳定的，同时能够根据现实需要进行调整发展的制度体系。习近平总书记说："今天，摆在我们面前的一项重大历史任务，就是推动中国特色社会主义制度更加成熟更加定型。"[①]所谓更加成熟更加定型，表明制度的成熟定型没有最高级，只有更高级，制度成熟定型永远在路上。好的制度本身就是一个开放的、发展的体系，只有处于不断发展创新中的制度才能始终适应社会发展需求，有效解决社会发展中的矛盾问题。稳定性要求制度不能随意变更，制度发展创新的依据是且只能是人民利益需求的改变，是广大人民群众利益需求在新的历史条件下的根本性变化，而不是个人特殊利益或个别需求。

其三，系统性。所谓系统性，主要是指制度的系统完整，行之有效的制度体系要尽可能覆盖目标领域的不同层次和各个方面，可以从不同维度进行分析：从制度层次维度来看，制度体系应当包含根本制度、基本制度和具体制度；从制度作用领域来看，制度体系应该涉及政治、经济、文化、社会以及生态等各个相互联系的领域；从制度要素维度来看，制度体系要包含制度理念、制度规范、制度载体等相互作用、相互影响的制度要素。

其四，高效性。一般而言，只有被有效执行、在实践中产生积极效果的制度才是真正完成自身使命的制度。制度的生命力在执行，有了制度没有严格执行就会形成"破窗效应"。[②]所以，构建行之有效的生态治理制度体系，不仅要在内容和数量上不断更新和充实，更要格外注重制度的贯彻和执行。唯有如此，才能真正完成制度的使命，将生态治理制度高效地转化为治理效能。

---

① 中共中央宣传部．习近平总书记系列重要讲话读本[M]．北京：学习出版社，人民出版社，2016：74．

② 中共中央文献研究室．十八大以来重要文献选编：上[M]．北京：中央文献出版社，2014：720．

（三）生态治理制度的总体框架

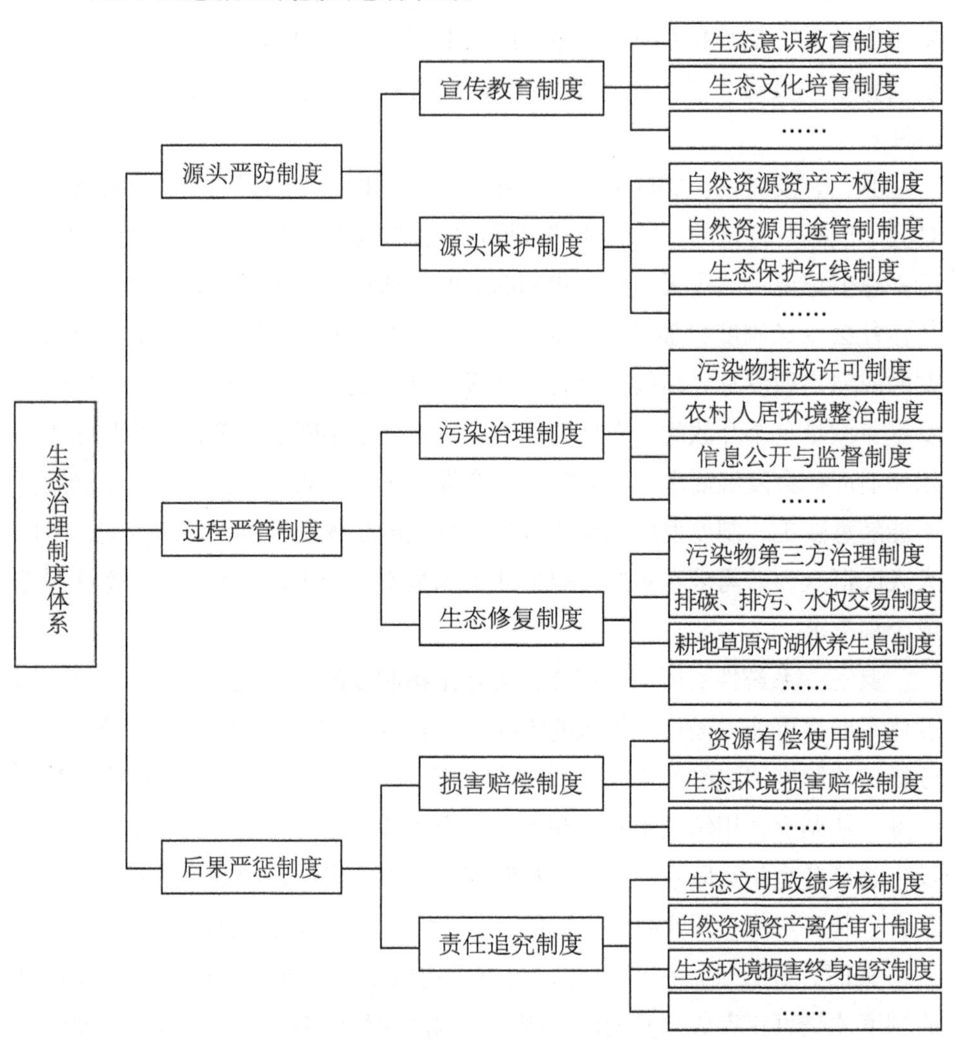

图3-2　生态治理制度体系结构图

生态治理需要系统完备的制度体系，所谓“系统完备”，不仅对制度的数量和质量作出了规定，更是对制度提出了体系化、系统化的要求。“完备”意味着制度设计要尽可能覆盖生态治理的方方面面，不留治理空白，不漏治理盲区。同时需要注意的是，在实践深入的过程中总会暴露新的问题，因此要想真正做到治理无死角，这需要做到治理制度与时俱进，在总结问题、反思教训中适时丰富发展制度体系。“系统”强调各个制度之间的耦合衔接，制度体系不是彼此独立的条条框框的简单叠加，而应该是具有内在关联的制度之间相互配合，不同制度的约束对象和作用方式可以重合，以增加制度体系的威慑力，但是不能矛盾冲突，否则将会大幅降低制度的效能。不同学者对生态制度的系统构成持有不同见解，学术界也并不存在固定的标准，根据中央对全面深化改革以及生态文明体制改革的总体方案和指导精神，可以从生态源头、生态过程、生态后果三个贯穿的过程维度来构建系统完备的生态治理制度，在细分若干具体制度的基础上搭建生态治理制度的总体框架。如图3-2所示，源头阶段包括源头保护制度和宣传教育制度，过程阶段包括污染治理制度和生态修复制度，后果阶段包括损害赔偿制度和责任追究制度，每一个制度下又可分为若干具体制度。

当不同过程维度的生态治理制度与不同治理主体组合时，就可以形成生态治理的制度矩阵。结合生态治理的多元主体构成，源头严防、过程严管、后果严惩的制度针对政府、企业、组织或公众，可以形成“过程—主体”三制度三主体的制度矩阵，如表3-3所示。当然，表中只是列出了部分制度，行为主体也可以进行进一步细化增加，从而得到一个更加复杂的制度矩阵，需要面临和回答的问题是，如何有效耦合衔接不同过程维度和主体维度的制度，从而发挥整个制度体系的最优效果。

表3-3　生态治理制度的“过程—主体”矩阵

过程/主体	源头严防制度	过程严管制度	后果严惩制度
政府	生态红线保护制度； 自然资源资产产权制度； 自然资源用途管制制度； ……	生态补偿制度； 休养生息制度； 农村人居环境整治制度； ……	自然资源资产离任审计制度； 生态环境损害终身追究制度； 环境保护“一票否决”制度； ……
企业	环境税收制度； 清洁生产管理制度； 绿色产品认证制度； ……	资源有偿使用制度； 污染物排放许可制度； 碳汇交易制度； ……	生态环境损害赔偿制度； 生态保护责任追究制度； 企业环境信用评价制度； ……
组织或公众	环保教育制度； 生态文化培育制度； 绿色消费补贴制度； ……	信息公开与监督制度； 污染物第三方治理制度； 行政许可听证制度； ……	生活垃圾处理收费制度； 生态环境损害赔偿制度； 生态保护责任追究制度； ……

一是源头严防制度。源头严防制度作为预防性措施，主要作用于环境污染或生态破坏发生之前，可以针对自然生态系统和人类社会系统分别进行制度设计。对人类社会系统而言，主要通过生态意识教育制度、生态文化培育制度等强化人们的生态意识，营造全社会保护生态的良好氛围。对自然生态系统而言，主要通过自然资源资产产权制度、自然资源用途管制制度、生

态红线保护制度等合理利用自然，防止自然资源的过度消耗或浪费。总的来说，源头严防制度是前端性、预防性的制度措施，其有效运转能够最大限度地减少资源消耗和污染排放，是进一步完善生态治理制度体系应当深耕的重要环节。

二是过程严管制度。过程严管制度是中间过程性制度，通过污染物排放许可制度、农村人居环境整治制度、污染物第三方治理制度、排碳排污水权交易制度等实现对人类与自然互动实践活动的严密监控和管理，同时，包含着人类对自然生态系统的主动修复以及对生态自我修复能力的保护与提升，以期实现对生态环境最小化影响基础上促进人类社会可持续发展。

三是后果严惩制度。后果严惩制度主要是针对环境污染、生态破坏已经发生或预设发生的制度安排，主要作用于人类社会系统，通过生态环境损害赔偿制度、自然资源资产离任审计制度追责等增加环境污染或破坏生态的成本，以负向强化的形式有效减少污染环境、浪费资源以及治理不作为、胡作为的行为。

总而言之，生态治理需要将资源和环境都纳入制度保护范围内，并且从源头到过程直至后果全过程维护。源头、过程、后果三个阶段的制度是彼此密切联系、相互衔接的，源头严防制度落实到位将有效减轻过程严管和后果严惩环节的制度压力，反之，过程严管和后果严惩环节的制度能够强化、提升源头严防制度的效用，三个阶段的制度同时产生引导或威慑作用，为生态治理筑起三层制度保障。

第五节　多维协同的治理机制

机制本义指机器的构造和动作原理，后来逐渐被引申运用到各个领域，如经济学的熔断机制，管理学的管理机制，生物学医学的发病机制等等。在人文社会科学领域，机制通常表示事物内部，各要素或各部分之间相互作用以实现其特定功能的运行方式。广义上讲，机制属于制度范畴，二者存在密切联系，制度制约机制，反过来，运行良好的机制能够发挥巩固完善制度的积极作用。在中国特色生态治理模式的理论探索和实践摸索中，一系列长效机制不断建立完善，彼此相互联系协同，构成了推动生态治理的重要制度性力量。

（一）德法协同机制

法律和道德有着密切的内在联系，古今中外，任何良治善治都必须诉诸道德和法律的协同配合，正如习近平总书记所言：“法治和德治不可分离、不可偏废，国家治理需要法律和道德协同发力。”[①]生态治理是治国理政的重要组成部分，自然也不例外。德法协同机制要求生态治理不仅要依靠德治、法治两种手段，而且要使二者趋向协同，实现内在外在、制度硬性约束与道德自觉的统一。[②]

内在一致性是实现德法协同的逻辑前提。一般而言，不同类别的要素或个体要想实现协同合作，其必要的前提是内在规定不能发生冲突或矛盾，要保持基本的一致性。就功能而言，道德与法律都以引导追求真善美为目的，道德通过柔性的内在情感力量来教化感召社会成员，而法律则依靠国家强制力量来约束规范个体行为，二者都具有规范行为、维护秩序的积极作用。就内容而言，道德与法律可以适时相互转化。道德比法律具有更高的要求准则，而法律比道德具有更加权威的约束力量，二者规定的内容有所区别，也有所重叠，并且还能在特定条件下实现相互转化。综上所述，在一定社会历史条件下，道德与法律具有价值一致性、功能互补性以及内容互通性，这也就保证了二者的内在一致性，为生态治理过程中实现德法协同奠定了逻辑前提。

德法协同的精髓在于“循法”而“成德”。从理论上看，道德的培育和养成不仅需要依靠个体意识的觉醒和外在道德舆论的约束，还与法律的硬性制约有密切的联系，或者说法律能够促进个体道德意识的形成和巩固。那么在德与法之间，二者是否存在主次顺序？或者说二者是并列等值的吗？《论语·为政》有云：“道之以政，齐之以刑，民免而无耻；道之以德，齐之以礼，有耻且格。”如果用命令、刑罚来管理，民众但求免于受罚而内心没有羞耻感，如果用德行礼制去管理，民众将会萌生羞耻之心且恪守规矩。在这里，孔子在论述“德治”“法治”关系时，突出强调了德治的重要意义。法律是人们后天为了规范行为、维护秩序而制定的要求大家共同遵守的强制性规定，而道德或德行是人天生所具有的情感和能力，只是有时可能会被遮蔽或误导，因为道德需要被激发和引导。因此在这个意义上讲，德法协同机制中，德是更高层次的境界，法是必要的、有效的手段，应当通过“循法”而“成德”，可以试想，在德治水平相当高的社会里，当社会成员普遍具有较

① 习近平．习近平谈治国理政：第二卷[M]．北京：外文出版社，2017：133．

② 王雨辰．论德法兼备的社会主义生态治理观[J]．北京大学学报（哲学社会科学版），2018（4）：5—14．

强的生态道德和生态意识时，保护环境、与自然和谐共生将会成为人们的自觉行为而非外在制度约束下的结果，生态法治的作用也将日渐式微。

德法协同是中国特色生态治理长期坚持的重要机制。德治方面，秉承我国道德教化和以德治国的优良传统，充分挖掘并创造性利用古代生态智慧，在全社会宣传树立科学发展观和社会主义生态文明观，开展公民生态文明意识行动计划（2021—2025年），将生态文明教育纳入国民教体系，旨在提升全民生态道德素养和生态意识水平。同时，在培育生态价值观的基础上，鼓励生态美学、生态文学、生态哲学等的繁荣发展，扶持生态文化产业发展，加强相关基础设施建设，以此加快构建生态文化体系。法治方面，改革开放伊始，邓小平就强调："应该集中力量制定刑法、民法、诉讼法和其他各种必要的法律，例如工厂法、人民公社法、森林法、草原法、环境保护法、劳动法、外国人投资法等等，……做到有法可依，有法必依，执法必严，违法必究。"[①]十八大以来，法治化的生态治理思路愈发清晰坚定，党和国家大力查处生态环境违法犯罪活动，全国人大审议通过以及修订包括环境保护税法、环境保护法、水污染防治法、野生动物保护法在内的多部重要法律，出台频次之密、涉及范围之广、执行力度之狠，堪称空前。

（二）区域联动机制

自然生态的整体性是要求区域联动的重要原因。简单来说，区域联动指多个区域为实现共同目标而进行的互惠协同合作，多存在于经济发展、文化交流、社会民生等领域，随着生态环境问题跨区域、跨流域的特点不断凸显，区域联动正逐渐成为生态治理的重要机制。我国生态环境的自然资源和地形地貌在空间分布上，往往和行政区域划分存在交叉和错位，秦岭、大兴安岭、太湖等自然资源，黄土高原、毛乌素沙地等生态敏感脆弱地貌都涉及覆盖多个行政区域，长江、黄河、珠江等大型河流更是横贯大片国土，流经多个省级行政单位，形成数十甚至百万以上平方公里的流域面积。河流、湖泊、山脉、森林，在自然意义上来说，是一个系统的整体，其内部的各要素也是相互联系、相互影响的，某个区域或者要素出现问题必将对整体产生影响。因此，对自然的保护和治理也必须坚持整体性、系统性的思路，这就必然要求建立区域联动机制，让所涉区域统一规划、协同合作。

① 邓小平文选：第二卷[M]．北京：人民出版社，1994：146—147．

表3-4　黄河流域生态保护和高质量发展区域联动进展

时间	区域联动行动安排
2014年4月14日	国务院正式批复《晋陕豫黄河金三角区域合作规划》
2019年7月	黄河流域生态环境监督管理局挂牌成立
2019年9月18日	习近平总书记主持召开黄河流域生态保护和高质量发展座谈会，将黄河流域生态保护和高质量发展上升为国家战略
2020年5月22日	李克强总理在《政府工作报告》中提出编制黄河流域生态保护和高质量发展规划纲要
2020年9月4日	沿黄九省区城市共同倡议：协同推进黄河流域文化旅游高质量发展
2020年9月18日	黄河流域生态保护和高质量发展协作区联席会议召开，就推进生态保护联防联治、强化产业发展合作联动、传承弘扬黄河文化等方面进行深入研讨
2020年10月16日	黄河流域省会（首府）城市法治协作联席会议召开，有效加强沿黄省会（首府）在生态法治方面的交流协作
2020年12月17日	水利部审查通过黄河水利委员会编制的《黄河流域生态保护和高质量发展水安全保障规划》
2021年5月21日	黄河流域高质量发展公共资源交易跨区域合作联盟成立
2022年3月15日	《黄河流域政务服务“跨省通办”合作协议》完成线下签约，标志着首个贯通黄河流域的“黄河流域政务服务通办圈”正式落地
2022年11月29日	黄河流域生态保护和高质量发展省际合作联席会议通过了《合作共识》，在加强生态环境共保、科技创新合作、产业联动发展、基础设施联通、沿黄城市群建设、对外开放合作、黄河文化保护传承7个方面达成共识
2023年6月5日	沿黄九省（区）共同发布《2023黄河流域生态保护和高质量发展济南宣言》，坚持生态优先、绿色发展，着力强化全流域生态环境分区管控协同联动，充分发挥全流域生态环保对高质量发展的促进作用

做好顶层设计、搭建协同平台是保障区域联动机制运行的关键。新中国成立初期，毛泽东多次批示根治淮河，强调：“导淮必苏、皖、豫三省同时动手，三省党委的工作计划，均须以此为中心，并早日告诉他们。”[①]可以说，淮河治理是新中国第一个省际合作的全流域水利工程，初步体现了区域联动的思路和方法，但是在顶层设计、平台搭建等方面还不完善。十八届三中全会通过《中共中央关于全面深化改革若干重大问题的决定》，首次提出建立陆海统筹的生态系统保护修复和污染防治区域联动机制。随后，《生态文明体制改革总体方案》印发，以单独的篇幅明确要求建立污染防治区域联动机制，为区域联动机制的成熟和发展提供了指导意见。区域联动的行为主体是区域，一般是彼此独立的同级主体，那么在协同合作共同解决生态环境

① 中共中央文献研究室．建国以来重要文献选编：第一册[M]．北京：中央文献出版社，2011：308．

问题时难免出现利益分歧或者搭便车的现象，从而削弱联动的程度和效果。顶层设计能够从更高层次出发，以整体利益最大化来统揽全局工作，是解决利益分歧等问题的有效之策。与此同时，要在区域主体间搭建决策、监测、管理、科研等多样化的沟通联络平台，从而打通行政区划壁垒，保障区域联动机制的平稳运行。近年来，黄河流域各省市的合作不断加深，生态治理和环境保护工作取得一定进展，但生态环境整体上与长江流域、珠江流域还存在较大差距，抛开黄河流域本身生态脆弱性不谈，流域内各主体的协同性、联动性仍需进一步加强。2019年9月18日，习近平总书记在黄河流域生态保护和高质量发展座谈会上强调，治理黄河，重在保护，要在治理，将黄河流域生态保护和高质量发展上升为国家战略，由此打开了黄河生态治理的崭新局面。如表4-3所示，省际协同合作平台不断丰富完善，各类规划纲要不断编制出台，为黄河流域生态保护和高质量发展的协同联动注入新的活力。

（三）试点推广机制

试点推广不仅是生态治理的重要机制，更是建设中国特色社会主义伟大事业的宝贵经验和成功密码。揆诸史乘，我国改革开放的伟大征程正是始于试点，从经济特区到先行示范区，从沿海沿江到沿边内陆，不仅带来了经济上的快速腾飞，更带来了社会诸多领域深化改革的思维创新和机制革新。邓小平在讨论党和国家领导制度改革时指出："有些问题，中央在原则上决定以后，还要经过试点，取得经验，集中集体智慧，成熟一个，解决一个。"[①]胡锦涛在讨论建设信息化军队时也强调："不能超越客观条件急于求成，要深入进行调查研究、试点探索、综合论证，确保训练改革健康发展。"[②]历史已经并将继续证明，在中国这样地域辽阔、国情复杂的大国，凡涉及经济体制改革、国家领导制度、军队改革等关键性事宜上，必须按照先试点、再推广的思路进行，这样可以避免在原则性问题上犯难以挽回的颠覆性错误。

试点推广机制由生态治理复杂性特点决定，是矛盾普遍性和特殊性辩证关系原理的现实运用。生态治理是一项兼具复杂性、长期性、系统性的事业，呈现为两点：一方面，我国生态治理是具有中国特色的开创性事业，没有可以直接学习的成功案例，只能在一定程度上参考他国的做法和经验，治

① 邓小平．邓小平同志论改革开放[M]．北京：人民出版社，1989：54．

② 胡锦涛文选：第二卷[M]．北京：人民出版社，2016：459．

理的主要内容须依靠自身摸索。另一方面，生态治理不是独立的领域，与经济、政治、文化、社会等存在内在的深层关联，推进改革和治理过程中必然牵一发而动全身，这无疑增加了生态治理的复杂程度。对此，应当遵循渐进的原则，采取先试点，再推广的办法。正如李克强总理所说："我国国情复杂，一时看不准、吃不透的改革，可先选择一些地区和领域开展试点，以点带面……这是一种好做法。"[①]从哲学角度分析，试点推广机制之所以具有科学性和可取性，是因为它遵循了唯物辩证法中矛盾普遍性和特殊性辩证关系的基本原理。改革的目的是解决现实矛盾，矛盾既有共性，也有个性，不同地区、不同领域的具体情况不一样，矛盾所处的现实情境也不一样，化解矛盾的手段自然也不一样，这就要求我们具体矛盾具体分析，使之与试点的经验总结相结合，从而得出化解矛盾特殊性的最优办法。

生态治理的试点推广要充分发挥中央和地方的主观能动性，确保试点对全局的推广意义。试点过程中，中央要做好顶层设计，要选择合理有效的地区进行试点，因为试点一定程度上意味着创新，意味着对过去旧的制度或方法的突破，这种突破能否取得成功依赖于制度设计的科学性和试点选择的合理性。同时，允许各地区依循整体方案的思路和设计原则，立足具体实情，充分发挥主观能动性，在优先化解突出问题上进行有益调整和积极探索，并及时总结经验教训，反馈给中央，经完善改进之后推广到其他地区，在"顶层设计—试点探索—经验总结—反馈完善—全面推广"的过程中实现试点对全局改革的示范带动作用。进入21世纪之初，我国便开始着手环境治理的试点改革工作，选择钢铁、化工等重点行业进行循环经济试点，在武汉、长沙等地进行"两型社会"综合配套试验改革。目前，我国业已在不同地区或区域陆续开展了自然资源资产负债表编制、跨地区生态补偿等重要试点，取得良好效果，为生态治理重要制度的全面展开和深化改革创造了有利条件。

（四）科技创新机制

科技是科学与技术的辩证统一，是人类积累的关于自然系统和人类社会的总的知识体系，是人类智慧和人类文明的重要体现。人类社会的每一次飞跃式发展都少不了科技的身影，如蒸汽机技术、电力技术、互联网与信息技术分别引领人类带入了一个根本不同于过往的全新时代，深刻地改变了人

---

① 李克强主持召开全国综合配套改革试点工作座谈会[EB/ OL]. 中国政府网，[2012-11-21]. http://www.gov.cn/ldhd/2012-11/22/content_2273676.htm

们的生活和生产方式，大幅提升了人们的生活水平。科技创新就是科学理论与技术发明更新迭代的过程，是人们不断发现自然界事物之间、现象之间固有的稳定联系和必然规律，并将其运用到解决实际问题的过程。正因如此，诉诸科技成为人类面临社会问题时的重要选择，生态环境问题的解决也是如此。在十一届三中全会之后，党和国家就已经萌生依靠科技解决生态环境问题的想法，邓小平曾在多个场合强调，农业问题、农村能源问题以及环境保护问题，都要依靠科学。之后，依靠科技创新来解决生态环境问题的思路得到进一步的贯彻和发展。一般而言，依靠科技创新进行生态治理主要是将科学进步和技术革新的成果运用到生产和污染处置的实践活动之中。具体来说，在生产环节，科技创新可以推动生产设备和生产工艺的迭代更新，以减少、替换生产原料或提高生产效率来实现生产能耗的降低。在污染处置环节，每一个新技术或新理论的出现，对污染物、废弃物的回收处置和循环使用来说都将得到质的提升。

随着科学技术的进一步发展，尤其是大数据、云计算、移动终端等技术的出现，科技创新赋予了生态治理更多可能。以互联网、移动终端等为技术支撑，凭借便捷性、交互性、娱乐性、公益性等特点，“云端种树”迅速成为时尚，在全国范围内掀起热潮。可以说，一种依托庞大用户群体和先进移动端技术的全新生态治理方式在中国快速兴起发展，并取得突出成果。互联网种树最大的特点是打破了传统植树的时空限制，极大拓展了义务植树的实践方式，以游戏社交等形式最大程度调动了全民参与的积极性，并且，这种深度参与体验的“云端种树”方式将在潜移默化中影响和改变人们的生态认知和行为习惯。由此，数亿手机用户成为科技创新泽被下的超大规模造绿护绿生力军。目前，全国建立首批26个国家“互联网+全民义务植树”基地，15个试点省份，随时、随地、随愿植树变成现实，也将进一步变成全民内在的生活方式。从实际效果来看，“云端种树”表现出高效率和高效能，以蚂蚁森林为例，其参与用户达5.5亿人，累计碳减排1100万吨，至今已种下1.22亿棵真树，种植面积达168万亩。[①]除此之外，以传感技术、互联网技术、大数据技术为基架的环境监测预警体系也正在逐步建立完善，这将极大提高我国对大气污染、水质污染和土壤污染等主要污染物的监测管理水平和能力，为中国特色生态治理提供强大的技术支撑。

① 寇江泽．田野可栽苗“云端”能造林[N]．人民日报，2020-04-04（05）．

（五）竞合博弈机制

竞合博弈是走向共生共赢的必然选择。自亚当·斯密以来，市场被认为是经济发展的最佳调节方式，而在市场机制之下，竞争是推动企业发展的不竭动力，因为“竞争和比赛往往引起最大的努力”[①]。之后，经过大卫·李嘉图等人的丰富和发展，以斯密为代表的古典竞争理论成为自由资本主义时期的金科玉律。但是，随着过度竞争弊端的不断凸显以及由此引发的人们思维方式的悄然变化，合作观念开始逐渐进入人们的视野。20世纪下半叶，普利高津的耗散结构理论、哈肯的协同学、迈克尔·波特的价值链理论等相关科学理论的研究有效凸显了合作的重要性，同时，纳什均衡引出了市场竞争的重大悖论，即个人的理性实际导致了集体的非理性，极大动摇了西方经济学自由竞争的基础。面对竞争与合作各自的缺陷，亚当·布兰登伯格和拜瑞·内勒巴夫创造性地将合作（Cooperation）与竞争（Competition）合二为一，提出了全新的竞合（Coopetition）概念。竞合（Coopetition）指两个及以上的参与者既相互竞争又相互合作，是最复杂但也是最有利的关系。[②]博弈指在规定情景下，参与者采取特定的措施或策略，并从中获得相应反馈或收益的过程。可以看出，无论是竞争，还是合作，其实都是一种博弈行为。合作与竞争是对立统一的有机组合，纯粹的合作或者竞争都具有不可避免的弊端，过度竞争将导致两败俱伤，整体效益下降，而过度合作则难以形成自身的独特优势，容易沦为附庸，但二者又具有对方所没有的独特功能，唯有促成二者有机融合、挹注互动，才能实现“双赢”乃至“共赢”，通俗来说，合作可以实现“做更大的蛋糕”，而竞争决定“如何更优分配蛋糕”。

竞合博弈是中国参与全球生态治理的基本机制和原则。现如今，无论是在经济、管理领域，还是在国际政治、国家外交领域，竞合博弈都是各参与者的重要策略和姿态。在应对全球气候变化的重要议题上，“共同但有区别的责任”是中国参与国际气候谈判和治理的基础。从1972年第一次国际环保大会，到1992年《气候变化框架公约》，再到《京都议定书》，“共同但有区别的责任”经历了初见雏形、正式明确提出、法律形式细化的不断升级，

① 亚当·斯密．国民财富的性质和原因的研究：下卷[M]．郭大力，王亚南，译．北京：商务印书馆，1983：320．

② Maria Bengtsson, Sören Kock. “Coopetition” in Business Networks-to Cooperate and Compete Simultaneously [J]. Industrial Marketing Management, 2000,29(5): 411–426.

如今已经成为国际谈判中的基本原则和规范用语。“共同”意味着世界各国需要通力合作、携手应对，因为就气候变化的整体性和外部性而言，没有哪个国家能独善其身，只有遭受影响的程度轻重和时间先后区别罢了。“有区别”意味着承担责任的不同，这就会在不同责任主体之间形成竞争博弈关系，以美国为首的西方国家就因责任划分而公开质疑这一原则，甚至出现拒不履行义务的倒退行为。在此问题上，中国早已表明鲜明立场，温室气体排放必须从历史的、人均的、消费的等多维角度去衡量和测算，在经济发展和生活水平方面，中国人不能接受只享有发达国家1/3、1/4甚至1/5权利。[①]因为，发展是全球各国的共同权利和追求，任何企图以应对气候变化为由而限制他国发展的想法和行为都是不得人心的。当然，这并不代表中国在应对气候变化问题上采取回避态度和消极举措，事实上，中国在2017年提前三年兑现单位国内生产总值碳排放下降40%—45%的庄重承诺，并且在提高可再生能源产量和应用、增加森林蓄积量、完善碳市场建设、深化气候变化南南合作等方面作出卓越努力，尽显全球生态治理的大国风范和责任担当。

① 张玉玲．坚持共同但有区别的责任原则[N]．光明日报，2009-12-17（04）．

第四章

生态治理的典型案例与国际考察

生态环境问题是横亘在世界各国面前的共同难题，其直接原因是现代生产方式对自然逾越底线的开发和利用。面对突出的生态环境问题，党和政府很早便开始警觉重视，从群众利益和国家可持续发展的角度出发，上马诸多利国利民、久久为功的生态治理工程，退耕还林还草工程就是其中的典型代表。反观发达资本主义国家，由于历史上率先进入现代化，必然也最先受到生态危机的冲击，这严重威胁到人类自身健康和社会的整体发展，为此，发达资本主义国家开始着手以法律、科技等多样化的方式应对日益加剧的生态环境问题。但是，资本主义制度自身特性决定了其生态治理具有诸多局限性，也决定了其生态治理虽历经多年却无法真正摆脱危机。发达资本主义国家的生态治理策略以及治理局限给中国生态治理提供了重要借鉴，我们应该合理借鉴其有效手段，同时以社会主义制度优势革除治理弊端，形塑具有中国特色的生态治理模式。

第一节　中国特色生态治理的典型案例——退耕还林还草工程

退耕还林还草工程是党和国家立足于国家生态安全和经济社会可持续发展而作出的重大战略决策。自1999年实施以来，工程取得了巨大的生态效益、社会效益以及经济效益，是我国生态文明建设的重要组成，也因资金投入多、建设规模大、群众参与高等，成为世界范围内的超级生态工程。

（一）退耕还林还草工程的实施概况

庞大的人口基数以及快速增长的趋势给粮食供给和安全带来极大挑战，在农业生产技术和生产方式相对落后的情况下，人们不得已而毁林开荒以增加耕地面积，加上过去相对粗放的经济发展方式，大量森林草地被改变用途。可以预见的是，不断开垦拓荒致使土地退化、水土流失、旱涝灾害等问题频发，尤其是长江、黄河的水土流失问题，成为威胁生态安全的重大隐患。在经历长江、松花江等特大洪灾之后，党和国家痛定思痛，进行深刻反思，提出了以“封山植树、退耕还林”为关键措施的灾后重建意见，并且指出“积极推行封山育林，对过度开垦的土地，有步骤地退耕还林，加快林草植被的恢复建设，是改善生态环境、防治江河水患的重大措施。”[①]1999年，经过实地视察和统筹考虑，国家决定在陕西、四川、甘肃进行试点，由此拉开了中国退耕还林还草的序幕。

前一轮退耕还林还草。根据《关于进一步做好退耕还林还草试点工作的若干意见》和《退耕还林条例》等规定，原国家林业局会同财政部、农业部[②]、国土资源部[③]等相关部门编制了《退耕还林工程规划》（2001—2010年），范围涵盖北京、新疆、四川、海南、内蒙古、黑龙江等25个省市自治区和新疆生产建设兵团，共计1897个县（市、区、旗），并将黄河上中游等地区856个县划为重点县。计划到2010年，完成退耕地造林2.2亿亩，宜林荒山荒地造林2.6亿亩，工程区林草覆盖率增加4.5个百分点。2002年，在局部试点顺利结束后，退耕还林还草工程在全国范围内展开。2007年，国家决定延长政策补助周期，同时在具体政策上进行了优化调整，出于对粮食安全和耕地保护的考虑，暂停退耕地还林，继续开展荒山造林、封山育林，并且提高了造林育林的补助标准。历时15年（1999—2013），前一轮工程期总计造林4.47亿亩，其中退耕地还林还草1.39亿亩、荒山荒地造林2.62亿亩、封山育林0.46亿亩，极其有力地推动了国土绿化进程。

新一轮退耕还林还草。2014年8月，国家发展和改革委员会联合多部委下发《关于印发新一轮退耕还林还草总体方案的通知》。基于前一轮工程的成绩和经验，结合我国耕地红线和水源地的实际情况，国家对新一轮工程的总体规模做了更加科学化、详细化的规定。《方案》将退耕还林还草范围严格控制在25度以上非基本农田坡耕地、三峡库区等重要水源地15-25度非基本农田坡耕地、严重沙化耕地三大类之中，共计约4240万亩。此后，国务院又于2017年、2019年两次批准核减3700万亩、2070万亩符合条件的耕地用

---

① 中共中央文献研究室，编．十五大以来重要文献选编：上[M]．北京：中央文献出版社，2000：512．

② 2018年3月组建农业农村部，不再保留农业部。

③ 2018年改为自然资源部。

以扩大还林还草规模。至此，新一轮退耕还林还草总体规模超过1亿亩。截至2020年，新一轮工程共计完成任务7550万亩，其中退耕地还林还草7450万亩、荒山荒地造林100万亩。[①]

（二）退耕还林还草工程的建设成效

退耕还林还草工程是落实科学发展观，树立和践行“两山”理念的重大决策，其规划设计的初衷就在于恢复自然生态系统以维护生态安全，改变工程区生产方式以实现可持续发展，从实际效果来看，退耕还林还草工程取得了显著的综合效益。

第一，生态效益突出，通过增加林草覆盖改善整体生态系统。退耕还林还草，顾名思义，将以往用于耕种的土地（主要包括坡耕地、严重沙化耕地、严重污染耕地等）用以恢复森林草原，通过一“退”一“还”，最明显的变化就在国土绿化面积显著增多，以此为基础，陕北绿色版图北进400多公里，全国森林覆盖率提高4个百分点，中国更是成为21世纪全球增绿的最大贡献者。森林和草原是生态系统重要参与者，被称为“地球之肺”和“地球皮肤”，具有涵养水源、防风固沙、固碳释氧等重要生态功能，对改善生态系统具有重要意义。据国家林草局监测，截至2016年，退耕还林还草工程每年涵养水源384.7亿立方米、固土6.32亿吨、固碳0.49亿吨、释氧1.17亿吨、吸收污染物313.3万吨、滞尘4.74亿吨、防风固沙5.97亿吨。[②]随着生态环境的逐步改善，原本濒危的野生动物得以栖息，生物多样性得以加强，同时植被能够调节工程区周边的气候和水文状况，改善周边人民的生存环境。

第二，经济效益显著，通过提高农民收入助益新时期精准脱贫。退耕还林还草最终要落实到具体的退耕农户身上，增加农民收入、提升农民生活质量成为调动农民积极性的重要前提。对于退耕户而言，一方面，国家有专项财政资金用以退耕还林还草以及护林护草的补贴发放，各地方政府也可以配套补贴；另一方面，国家允许规划一定比例的经济林，同时允许间种豆类、菌类等经济作物，允许进行林下特色养殖，通过多种渠道帮助农民增收。对于退耕后农民，收入来源进一步拓宽，配套产业增加经营性收入，林地流转增加财政性收入，外出务工增加工资性收入。同时需要强调的是，退耕还林还草实施区域大多都是贫困地区，例如贵州榕江、广西右江、陕西吴起、内

---

① 李世东．中国退耕还林还草工程[N]．中国绿色时报，2021-06-23（03）．

② 周鸿升．世界生态建设史上的奇迹——写在我国新一轮退耕还林还草工程取得突出成效之际[N]．光明日报，2019-07-13（05）．

蒙古固阳等，新一轮退耕还林还草实施以来，全国97.6%的贫困县（共计812个）参与其中。据统计，2020年，工程直接投向贫困农户补助资金87.58亿元，惠及136.4万户477万人。[①]可以说，在国家财政支持和政策指引下，农民收入实现稳定化和多样化，荒山秃岭变成金山银山，退耕还林还草成为新时代精准脱贫的有力抓手。

第三，社会效益广泛，通过优化生产生活方式促进社会良性发展。退耕还林还草不仅改变了山水面貌，而且也从根本性改变了人们的生产生活方式。过去，以农耕为主的生产生活方式不仅将农民牢牢束缚在土地上，而且在许多生态脆弱或恶劣地区，农业耕作容易陷入“越穷越垦、越垦越穷”的恶性循环，给生态环境和农民生活水平带来严重消极影响。退耕还林还草释放了更多农村年轻劳动力，为他们追求理想与幸福创造了先决条件，尝到红利和甜头的人将会自觉成为生态意识的“宣传员”和“播种机”，实现被动式的“要我退、要我护”向主动式的“我要退、我要护”转变，绿色发展深入人心，生态文明蔚然成风。同时，在推进退耕还林还草过程中，广大群众能够切身感受到党和政府执政为民的理念和为人民服务的宗旨，有利于党和政府的威信树立，有利于构建良性和谐的党群关系和政民关系。

（三）退耕还林还草工程的建设经验

退耕还林还草是统筹经济发展与生态保护的卓越实践，是我国农业发展史乃至整个社会发展史上的一场深刻变革，以改变生产方式为突破口，在充分挖掘林业建设多重功能的基础上实现工程区由黄变绿、由美生富的历史性变化。历时二十多年，退耕还林还草工程在不断探索中得出了诸多宝贵的实践经验。

1.建立党领导下纵向传导和横向协同相结合的管理体制

退耕还林还草工程是复杂的系统工程，从顶层设计到基层实践，从财政补贴到选种育苗，从成活验收到确权登记，不仅涉及国家、省、市、县四级管理层级，而且与发改委、财政、农业、国土资源等横向部门都有交集。建立由党领导的，纵向传导与横向协同相结合的管理体制，有利于政策的稳定传递，协调部门工作，集中力量办大事，从而保障工程的顺利推进和整体效果。

一方面，退耕还林还草工程需要国家、省、市、县四级政府共同参与，

---

① 2020年退耕还林还草十件大事[EB/OL].国家林业和草原局政府网，[2021-01-12].http://www.forestry.gov.cn/main/586/20210112/090852794499774.html

并且四个管理层级都专门设有退耕还林工程管理中心或办公室，一般为林业部门的直属单位。国家林业和草原局下设直属单位退耕还林（草）工程管理中心，主要承担编制总体规划和年度计划、拟定工程标准和方法、实施三级检查验收制度、组织开展监测评估以及技术指导、人员培训等职能。退耕还林还草通过部际联席会议协调地方工作，由省级政府全面负责，由县级或受其委托的乡级人民政府就退耕范围、树种草种、质量要求、检查验收等问题与退耕户签订合同。总的来说，通过建立部—省—市—县四级纵向运转体制，将权力、压力与责任进行逐级传导，有利于压实责任，激发各级主体的责任心和行动力。

另一方面，退耕还林还草工程涉及发改委、财政、农业、林业、国土资源等部门，需要建立横向部门协调合作的管理机制。退耕还林还草不是简单的一“退”一“还”的过程，而是与政府多个部门有着密切联系的系统工程，以县级人民政府为例，下辖乡政府或各街镇需要完成政策宣传引导、土地规划丈量、农户签订合同、全面检查验收等工作，发改局组织协调各部门做好项目规划申报、工程监管督查等工作，财政局做好及时拨付补助资金、兑现到农户“一折通”账户等工作，林业局和农业农村局需要完成组织培育良种壮苗以及技术服务等工作，扶贫办负责对中央以及省级政府专项扶贫资金的使用和管理。各个县域情况有所不同，这里不再列举，总之，各横向部门需要在统一指挥领导下明确分工、各司其职，从而实现密切合作、协调联动的工作合力。

2.建立健全以财政补贴为主的政策体系以保障农民利益

实践表明，只有紧扣退耕农户的实际利益，把造林育林护林与改善农户生活水平打造为并行不悖的统一工程，才能最大限度地调动退耕农户的积极性和自觉性，保证工程的顺利开展。为此，必须以健全的政策体系来保障退耕农民的相关利益，如图4-1所示的新一轮补助配套政策。

退耕还林还草工程的主要政策是财政补贴，以财政部专项资金为主，以发改委中央预算内投资安排的补助为辅，这样可以充分保障资金补助的稳定性和可靠性。同时，省级人民政府可以根据具体情况进行不低于中央标准的自主补助。在财政补贴之外，国家还设计了相关配套政策与措施，例如基本口粮田建设，这是国家出于粮食安全而作出的政策设计，合理优化土地资源，集中适宜耕种的土地进行统一化的基本农田建设，将坡耕地、沙化耕地等不适宜耕种土地进行造林，在推进国土绿化的同时坚决守住耕地红线。农村能源建进一步改善了工程区农民的生活水平，“公司+农户”“工厂+基地”等做法则能有效保障农民增收，保障退耕还林还草的持续推进。总之，退耕农户是退耕还林还草工程的基本单元和建设主体，必须要以多方位的政策措施保障农户的基本生活和根本利益，并且为农民追求幸福生活创造有利条件，这既是生态治理工程的设计初衷，也是工程得以推进的力量源泉，更是以人民为中心的根本要求在实践中的生动体现。

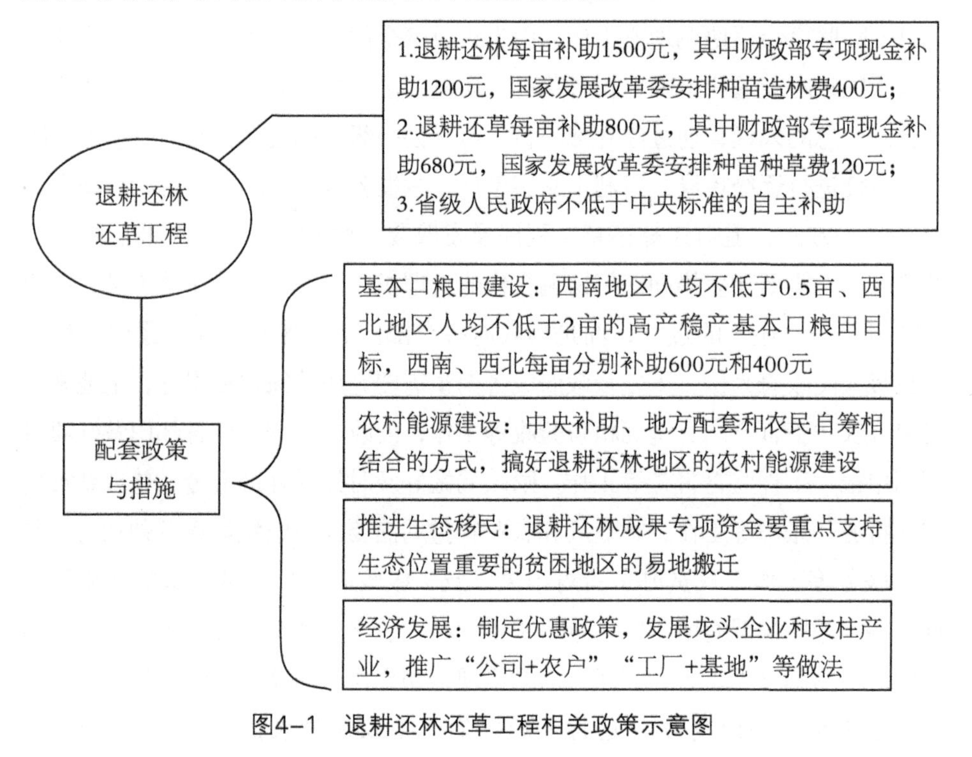

图4-1 退耕还林还草工程相关政策示意图

3.以社会工程和自然工程相结合的思路指导推进

退耕还林还草被冠之以“工程”之名，在具体实践中体现了工程的思维和方法，具体表现为在社会工程指导规划下实现自然工程和社会工程相结合。“工程”始于自然科学研究，但是随着社会和工程学的发展，逐渐被广泛运用于社会科学领域，如“希望工程”“菜篮子工程”“安居工程”等。工程的结果和目的在于造物，根据人造物性质的不同，可以将工程分为自然工程和社会工程。作为工程学在不同领域的展开与实践，社会工程和自然工程既有区别又有联系，二者的重要区别在于，自然工程作用于自然领域，作用结果是创造可视可及的物质实体；而社会工程以社会结构、关系、要素等为对象，产生的结果是社会政策的出现或者人们价值观和理念的变迁。同时，二者都具有建构性、科学性、系统性等工程的基本属性，自然工程的推进和展开离不开社会工程。从一般过程来看，工程可以划分为决策、设计、实施三个阶段：工程决策阶段更多体现社会工程的决策，决策主体需要综合经济、政治、社会、文化、管理、组织、技术等诸多因素考虑工程的必要性和社会综合效应，工程的技术性因素此时并不是决定性因素，工程的社会性因素才是决定决策与否的关键。工程设计阶段是逐步选定与工程建设相关的各类社会变量和技术变量的过程，要综合技术变量和社会变量，设计规划出合规律性、合目的性的蓝图和方案。工程的实施阶段主要是运用技术手段和物质材料创造、构建新事物的过程，需要科学处理人、财、物的关系，这离不开管理机制、规章制度等系列社会因素的协调和支持，以期最大程度实现人尽其才、财尽其利、物尽其用，充分保障工程的进度和质量。因此，从一定程度上讲，纯粹的自然工程是不存在的，工程活动中充满了社会工程和自然工程的因素，它们相互支持、互为补充，一起影响和支配着工程过程，保证工程建设的全面性、合理性和可行性。①

退耕还林还草工程是社会工程和自然工程的统一，但并非简单叠加，而是要在社会工程指导和规划下实现二者的协同耦合。“还林”的前提是“退耕”，是对以农耕为主的生产方式和生活方式的改变，是对当地社会结构和社会关系的调整，这需要系统的社会工程介入，为此国家持续出台政策，以原粮补助、现金补助、专项基金等制度为主，结合基本口粮田建设、农村能源建设、生态移民等配套措施，变农耕模式为造林模式，通过顶层模式的改变促进造林活动的扩大，进而保证退耕还林工程的持续、深入推进。关系结构的变迁、科学制度的设置、丰富资源的整合以及系统机构的运营已经远远超出了自然工程的范畴和功能。由此可见，退耕还林还草工程要求社会工程和自然工程密切联系、相互配合，要以社会工程为自然工程提供设计规划，以自然工程为社会工程进行实践开拓，在二者互动耦合和综合集成的过程中推进退耕还林还草工程不断深入发展。

第二节　发达资本主义国家生态治理的重要手段

兴起于英国、发展于德日、完成于美国的系列工业革命在推动科技和社会进步的同时，给资本主义乃至全世界带来严重的生态环境问题。面对日益严峻的生态环境危机，发达资本主义国家率先开启了生态治理之路，通过分析美国、德国、日本等具有代表性的发达国家的生态治理历程和实践，总结

① 杨建科，王宏波．论自然工程与社会工程的关系[J]．自然辩证法研究，2008（1）：57—61．

其中的共性，可以发现，立法执法、科技进步、产业调整、污染转移等是其共同的主要手段。

（一）以立法执法为核心的法治保障

法治是人类文明的重大成果和重要标志，是人类进行社会治理的基本方式。在生态治理的诸多手段中，欧美发达资本主义国家几乎不约而同地选择诉诸法治。这是因为，法律具有普遍的、权威的、强制的约束力，能够对社会成员的行为发挥极强的规范性，同时对整体社会风气具有引领强化作用。发达资本主义国家在以法治来保障生态治理时特别注重紧扣立法和执法两个关键环节：

一方面，法治保障的前提是立法。法治乃依法而治，有“法”而后才能“治”，因此以法律为生态治理保驾护航首先要做好生态立法工作。发达资本主义国家在工业化进程中较早开启了具有现代意义的生态立法实践，大都采取“基本法+单行法”的模式展开，基本法作为生态保护的根本法，在指导原则和基本方向上予以规定，单行法则对生态治理各个具体领域予以细化和丰富，基本法对单行法具有统摄指导作用，单行法服从并延展基本法的基本精神，从而形成次第有序的立体化法律体系。如日本在1967年颁布的《公害对策法》是日本环境法史上第一个基本法，并在此基础上不断完善丰富，制定了《中华人民共和国大气污染防治法》《噪声控制法》《水质污染防治法》等针对不同领域的具体法律。当然，基本法和单行法在时间线上也并非具有严格的先后顺序，因为早在20世纪50年代之前，日本就已经出现了诸如《大阪府煤烟防治条例》（1932年）、《京都府煤烟防治条例》（1933年）等地方性的法律法规。

另一方面，法治保障的关键是执法。执法是法治极其重要的环节，法律的威慑力和约束力很大程度上取决于法律的执行，如果法律能够被有效地执行和实施，做到违法必究、执法必严，那么法律的权威才能长久地存在人们的脑中，反之，如果执法不严，甚至是有法不依，那么法律的权威和作用将会大打折扣。在生态法治建设中，立法与执法并重是发达资本主义国家的显著特点，以美国为例，环境执法一直是美国环保局（United States Environmental Protection Agency）的中心工作，包括针对大气、水、废物化学品的清理活动执法和刑事执法。[①]此外，美国还以联邦法律的形式赋予行

① 王莹．国外生态治理实践及其经验借鉴[J]．国家治理，2017（4）：34—48．

政机关环境执法和解的权利，1980年颁布的《超级基金法》不仅极大促进了《行政争议解决法》(Administrative Dispute Resolution Act)的诞生，也基本确立了环境领域其他单行法的执法和解的制度框架①，在美国环境保护执法发展演变历程中具有里程碑的意义和地位。

（二）以资源节约和污染处理为主的科技创新

科学技术的创新与发展推动历史的车轮滚滚向前，人类文明的每一次跨越式发展都包含着科学技术的线索。蒸汽机技术的改良将人类带入了第一次工业文明，电磁感应原理的发现以及电力的广泛运用带人类进入电气时代，原子能、电子计算机等技术的发明让人类领略了信息时代的魅力，现如今，第四次科技革命正在持续而深刻地改变着人类的思维方式和生活方式。回顾历史可以发现，到目前为止，生态环境问题的产生和加剧与科学技术的发展是具有同步性的，科学技术的发展意味着人类认识和改造自然本领的增强，如果在过于偏激理性的裹挟下，科学技术越进步，人类以此对自然造成的伤害也就越深。伴随着人类思路的改变和意识的觉醒，原本招致生态环境问题的科学技术也能变成治理生态环境问题的利器，前三次科技革命皆发端并完成于主要发达资本主义国家，积累了大量的理论知识和实践经验，那么，在运用科学技术赋能生态治理方面，发达资本主义国家自然也拥有较大的前期累积优势。

从新型能源研究使用、资源能源高效利用，到污染物处理、生态修复，再到城市规划建设，发达资本主义国家对科学技术的运用渗透在生态治理的各个环节。德国历史上曾经遭遇严重的生态危机，建立在煤与铁之上的鲁尔工业区更是出现了举世罕见的污染，由于被厚厚的尘土笼罩，鲁尔区的一切被染成黑色，即使是在白天，也如同深处黑夜一般，就连栖息在树上的蝴蝶竟也将保护色演变成黑色。②经过长期科学的治理，德国已经成为国际公认的生态治理和保护的范本之一，其中，科学技术的创新和应用发挥了关键作用。在能源资源利用方面，德国基于科技、生态以及经济等因素考虑，于2001年通过《有序结束利用核能进行行业性生产电能法》，以法律形式正式宣布放弃核能发电，而转向更加清洁绿色的风能、太阳能。在此背景下，德国大力兴建太阳能建筑，太阳能技术逐渐成为单体住宅、集体住宅、传统住

① 于泽瀚．美国环境执法和解制度探究[J]．行政法学研究，2019（1）：132—144．
② 刘仁胜．德国生态治理及其对中国的启示[J]．红旗文稿，2008（20）：33—34．

宅，甚至是廉租房的标准配置，带给住户舒适的居住体验的同时对减轻国家财政负担、缓解生态压力大有裨益。专家预测，到2050年，德国能源供应的55%将来自于可再生能源。[①]在污染处理方面，严格高压的法规催生了德国企业在环保技术方面的不断创新，同时德国政府充分发挥市场机制，鼓励引导西门子等大型企业投向环保技术创新等方面的经营和建设。由此，污泥降解技术、生物炭技术、膜技术等被广泛运用，在有效处置污染物的同时实现再回收、再利用，创造了巨大的环保经济效益和产业集群。

（三）以减少第二产业为主的产业结构调整

产业结构指各类产业在特定经济结构中所占比例的关系。2020年6月，生态环境部等部委联合发布《第二次全国污染源普查公告》[②]，公告显示，2017年工业源排放大气污染物氮氧化物645.90万吨，二氧化硫529.08万吨，挥发性有机物481.66万吨，颗粒物1270.50万吨，分别占总排放量的36.19%、75.98%、47.34%、75.44%，同时产生一般工业固体废物38.68亿吨，危险废物产生量6581.45万吨。工业是第二产业最主要的构成部分，因此可以推断，第二产业是重要的污染来源。同时，众所周知的是，以服务业、金融业、文化教育产业等为主的第三产业输出的污染最少，对环境造成的危害也最小。所以从生态保护的角度来说，产业结构优化针对各类产业比例的调整，就是要减少第二产业，而增加第三产业比重，将经济结构的重心由第一、第二产业向第三产业逐次转移。

表4–1　全球制造业转移发展的历程

转移次数	转移时间	转移路径	转移内容
第一次	20世纪初	从英国到美国	纺织、钢铁等过剩产能
第二次	20世纪50年代	从美国到日本、德国等国	纺织、钢铁等传统产业
第三次	20世纪60年代	从美国、日本、德国到“亚洲四小龙”“亚洲四小虎”等亚太国家以及部分拉美国家	轻工、纺织等劳动密集型产业
第四次	20世纪90年代	从欧美、日本、“亚洲四小龙”等到中国	纺织、玩具、箱包等劳动密集型产业以及化工、汽车、电子等技术和资本密集型产业
第五次	21世纪10年代	从中国到东南亚、南亚以及非洲国家	既有中低端劳动密集型产业，也有技术密集型产业

① 方世南．德国生态治理经验及其对我国的启迪[J]．鄱阳湖学刊，2016（1）：70—77．

② 关于发布《第二次全国污染源普查公报》的公告[EB/OL]．中华人民共和国生态环境部，[2020–06–09]．http://www.mee.gov.cn/xxgk2018/xxgk/xxgk01/202006/t20200610_783547.html

减少第二产业以实现产业结构调整的重要途径之一是通过跨国公司、海外工厂等形式将相关第二产业转移到其他国家。第二产业、工业、制造业呈现前者包含后者的依次递进关系，且后者都是前者最重要的组成部分，因此，可以通过解析全球制造业的转移趋势和路径，在很大程度上帮助理解发达资本主义国家的产业结构调整。一般来说，成本价格因素是全球制造业转移的最主要因素，同时，由于制造业多是高污染高能耗的行业以及经济发展的生态压力越来越大，保护本国生态环境也成为制造业转移的重要推动力。迄今为止，全球制造业大致经历了五次重要转移，如表4-1所示，美国、日本、德国等是历次制造业转移的主要输出国，大量制造业的对外转移使得第二产业在发达资本主义国家国内经济结构中的占比迅速下降，从而有效缓解发展第二产业给生态环境带来的巨大压力。在此基础上，对生态环境影响较小的第三产业成为拉动发达资本主义国家经济发展的重要动力。目前，美国、日本以及欧洲等主要发达资本主义国家的第三产业比重大约稳定在80%，远远高于中国52%左右的水平。

（四）以落后国家和地区为对象的污染转移

在整个资本主义生态治理的历史进程中，“处置污染”似乎比“克服污染”更能迎合资产阶级的狭隘机械利益，资本主义“对于污染问题只有一个解决办法：那就是把它们移来移去”①，热衷于以转移或者转嫁的方式来消弭污染问题。对于资本家而言，污染转移无疑是最佳选择，因为这完全符合资本的增殖逻辑，不仅大幅降低生态治理的成本，还能利用污染转入地低廉的自然资源和人力资源，以实现利润的最大化。一方面，以美国为代表的发达资本主义国家以直接贸易的形式，将固体废弃物等出口到发展中国家。世界银行最新报告《What a Waste 2.0》显示，一般而言，经济发展与人均垃圾产量呈正相关，2016年美国每人每天产生垃圾2.21千克，西雅图等城市的人均日垃圾产生率更是高达3.13千克，而中国的人均日垃圾产生率为0.43千克，不足美国的1/5。经过收集、分类和管理，大量固体废弃物流向中国等发展中国家，自1992年以来，共有1.06亿吨塑料废弃物出口到中国，占全球累积量的45.1%，这些塑料垃圾的主要来源是美国、日本等高收入国家。②另

---

① 戴维·哈维．正义、自然和差异地理学[M]．胡大平，译．上海：上海人民出版社，2010：421.

② A. L. Brooks, S. Wang, J. R. Jambeck. The Chinese import ban and its impact on global plastic waste trade [J]. Science Advances, 2018, 4(6): eaat0131.

一方面，发达资本主义国家抓住发展中国家缺乏必要技术和资金，而又渴望摆脱落后的迫切愿望，在经济全球化的推动下，以跨国公司等形式为外部载体，向广大发展中国家索取自然资源、输出工业污染，严重激化了发展中国家的人地矛盾。联合国调查报告显示，发达国家每年产生电子垃圾多达5000万吨，75%没有经过正规处理，绝大部分被非法出口到非洲和亚洲。①可以说，西欧之“绿”是用非洲之“黑”换来的，而这仅仅是资本主义累累罪行的冰山一角，印度博帕尔事件、尼日利亚科科港有害废物投弃事件、科特迪瓦毒垃圾事件……无一不是对生态帝国主义伪善外表的径直揭露。随着生态环境问题的日趋严重，各国政府开始普遍注重生态保护，逐步提高外资企业准入门槛并且限制“洋垃圾”进口，污染转移的方式失去空间，生态帝国主义出现新的隐蔽性变化，以资源贸易等手段变相转移生态隐患，例如在硬木贸易中，日本和欧盟总进口量占世界的90%，而世界总供应量中有80%只来自于五个国家：马来西亚、印度尼西亚、菲律宾、科特迪瓦和加蓬。②其实反观日本和欧洲，本就是森林资源丰富的国家和地区。全球范围内，森林植被正在被不可逆转地大量采伐，以进口代替本国森林资源的消耗，客观上造成了生态隐患的转移。综上所述，发达资本主义国家对全球落后国家和地区污染转移的既定历史不可磨灭，对全球生态危机的主要责任不可推卸。

第三节　发达资本主义国家生态治理的现实困境

资本主义和生态系统之间存在整体性对立和根本性冲突，这不意味着资本主义生态环境的极端恶劣，也不意味着资本主义国家没有生态治理，相反，发达资本主义国家较早地开展生态治理，并且取得重要成效。但是，资本主义生态危机内生性、本质性则在所难免地暴露出其在生态治理上的弊端。从发达资本主义国家生态治理的整个过程来看，污染转移是其重要手段，技术这种革命性的力量并没有如设想的那般破除资本主义生态困境，反而增加了资源能源的消耗，治理的宏观政策也被政党斗争和私人利益所裹挟，绝对优先本国利益而非从人类命运共同体出发则导致了参与全球治理的责任赤字。

---

① 任彦．发展中国家成西方电子垃圾倾倒场[N]．人民日报，2014-06-09（21）．

② 萨拉·萨卡．生态社会主义还是生态资本主义[M]．张淑兰译．济南：山东大学出版社，2012：161.

（一）资本技术联姻下的治理悖论

面对经济迅速发展带来的严峻生态危机，发达资本主义国家尝试以技术改良、环境改革、减少人口增长等方式来应对，在此之中，“技术的魔杖最受欢迎”，因为浸淫于资本逻辑的西方学者坚信技术手段可以在不影响资本主义机器运转的同时有效解除生态危机。新古典经济分析学家威廉·斯坦利·杰文斯（William Stanley Jevons）在反思英国工业发展和煤炭储量关系时论证，提高自然资源的利用效率，只能增加而不是减少对这种资源的需求。这是因为效率的改进会导致生产规模的扩大。这就是“杰文斯悖论”，即技术进步与资源消耗增加之间的悖论直指技术解决方案的生态幻想，为研究资本主义生态危机拓展了新的视角。在此基础上，J.B.Foster认为美国汽车业发展凸显了杰文斯悖论的当代价值，“20世纪70年代，美国引用能源效率更高的汽车，但由于驾驶人员和汽车数量的迅速翻倍，未能减少对燃料的需求。同样，制冷技术的进步却导致生产出更多更大的冰箱。实际上，同样的趋势独立于个体消费而广泛存在于工业领域。”[①]Rachel Freeman等人利用系统动力学对英国私人道路交通（1970—2010）的二氧化碳当量（CO_2-eq）排放进行建模，结果显示CO_2-eq排放增加了大约三分之一，为了到2030年在道路运输领域实现欧盟制定的CO_2-eq排放下降40%的目标，需要实施及时的、全面的干预措施，并持续保持关注。[②]John M. Polimeni和Raluca Iorgulescu Polimeni基于美国能源信息管理局的能源数据，采用时间序列横截面（TSCS）回归模型进行分析，证明了杰文斯悖论存在于北美的宏观层面，并指出解决世界能源问题的答案不在技术，而在于改变那些能源需要者的行为。[③]Matthew Thomas Clement的研究表明美国各州的平均碳排放强度下降并没有转化为整体碳排放的减少，暗示着技术进步对气候的好处微乎其微，因为资本主义的政治经济问题尚未得到解决。[④]Ryan Gunderson和Sun Jin Yun指出，自韩国国家绿色增长战略（NSGG）实施以来，尽管总体

---

① J. B. Foster. Capitalism's Environmental Crisis: Is Technology the Answer? [J]. Hitotsubashi Journal of Social Studies, 2001, (7): 143-150.

② Rachel Freeman，et al. Revisiting Jevons’ Paradox with System Dynamics: Systemic Causes and Potential Cures [J]. Journal of Industrial Ecology, 2016,(2): 341-353.

③ Polimeni, J. M., Polimeni, R. I. Jevons’ Paradox and the myth of technological liberation [J] Ecological Complexity, 2006,3(4): 344-353.

④ Matthew Thomas Clement. The Jevons paradox and anthropogenic global warming: A panel analysis of state-level carbon emissions in the United States, 1963-1997. Society and Natural Resources, 2011,24(9): 951-961.

上提高了能源效率，但温室气体（GHG）排放和总能源使用却有所增加，这对韩国绿色增长战略造成了根本性制约。[①]

就一般逻辑而言，技术进步能够以生态危害较小的技术逐步取代落后技术，有效提高资源利用率，从而整体上减少生产对生态环境造成的伤害，"杰文斯悖论"之所以在资本主义世界长久存在而饱含旺盛的现实生命力，根本原因在于资本主义体系内，资本与技术之间发生着以资本为主导的内在共契，资本以几近令人窒息的统摄力裹挟了技术，使技术的中立价值地位遽然丧失，成为其增殖道路上的巨大推力。资本与技术实现融合之后，发达资本主义国家呈现出参与全球生态治理的光鲜外表，毕竟其科学技术处于全球领先水平，而实际上则是潜藏在技术背后对自然的深度剥削者，甚至是利用技术优势匍匐在世界胸膛上的吸血鬼，难怪马克思一语中的："在私有财产和钱统治下形成的自然观，是对自然界的真正的蔑视和实际的贬低。"[②]资本与技术的联姻即是悖论的核心所在，实现二者的脱钩便是走出悖论的根本之策，因此，我们要么被动接受杰文斯的理论，"要么选择一种他从未触及而且显然也从未想到过的替代方案：沿着社会主义方向改造社会生产关系。这种社会的支配力量不是追逐利润而是满足人民的真正需要和社会生态的可持续发展的要求。"

（二）政治利益导向下的政策断裂

多党轮流执政是资本主义重要的政治制度，执政党制定政策势必掣肘于党派之间的政治利益斗争。以美国为例，刨除前总统唐纳德·特朗普（Donald Trump）本人是气候变化怀疑论者等因素，美国退出《巴黎协定》(Paris Agreement)与美国政坛的"驴象之争"不无关系。2016年美国总统竞选时，特朗普承诺复兴煤炭产业，以争取"摇摆州"(swing state)的选票支持，事实证明"煤炭之乡"(coal country)变成了"特朗普之乡"（Trump country）。[③]就任总统之后，特朗普对奥巴马任期内的气候政策进行了大量"清算"，一方面大量缩减相关预算，削减美国环境保护署（EPA）预

---

① Ryan Gunderson, Sun-Jin Yun. South Korean green growth and the Jevons paradox: An assessment with democratic and degrowth policy recommendations [J]. Journal of Cleaner Production, 2017,(2):239−247.

② 马克思恩格斯文集：第一卷[M]．北京：人民出版社，2009：52．

③ Contessa Brewer, Jessica Golden. In this Swing State, Coal Country is Trump Country [EB/OL]. [2016−10−12]. https://www.cnbc.com/2016/10/12/in-this-swing-state-coal-country-is-trump-country.html.

算31%以上，停止向绿色气候资金提供资助；另一方面要求直接撤销之前与气候变化相关的4项总统行政命令，立即审查清洁电力计划（CPP）相关条款，解散温室气体社会成本机构间工作组（IWG）等。回溯历史，这种现象并非偶然，而是美国两党斗争的规律性回潮。二十世纪末，“环保总统”克林顿携手副总统戈尔致力于应对全球气候变化，并为公平履行责任而作出积极行动。但是“好景不长”，继任者小布什以“极大损毁美国经济”以及发展中国家没有承担义务为由退出《京都议定书》，而绕开联合国安理会出兵伊拉克也出自小布什政府之手，其真正意图耐人寻味。

当时间来到美国第46任总统竞选，民主党候选人乔·拜登（Joe Biden）承诺将应对气候变化作为上台后的“优先事项”。就任总统后，拜登一改前任特朗普的任性风格，计划重返《巴黎协定》，继续参与奥巴马政府时期与欧盟共同发起的“使命创新计划”（Mission Innovation）,致力于清洁能源创新。同时，拜登政府还建立ARPA-C高级项目机构，专注研究气候变化，通过联邦立法在实施《基加利修正案》方面达成共识等。[①]总的来说，尽管这对全球生态治理来说是重大利好，但是从侧面反映出美国生态政策在政治利益裹挟下的非延续性和不稳定性，从而给全球生态治理埋下隐患，毕竟谁也无法保证拜登本人及其之后的继任者不会再次作出退群以及清算绿色政策等决定。美国有线电视新闻网（CNN）报道，2022年6月美国联邦最高法院通过裁决，限制美国环保局（EPA）在州层面的碳排放监管权力[②]，这是应对气候变化的斗争的历史倒车，无疑将削弱美国在全球气候治理体系中的信用和效力。由此可见，美国政治斗争的触角已经延伸到关乎全人类命运的生态领域，执政党政策的制定与实施更多侧重党派以及拥护者利益，而非以人民为中心、以人类命运共同体为夙愿，这直接导致生态相关政策的非贯通性和非继承性，无疑对需要久久为功、赓续前行的生态治理产生巨大的负面效应。

（三）本国利益优先下的责任赤字

生态环境是全人类共同享受的公共产品和共同发展的物质基础，发达资

---

① 赵斌，谢淑敏．重返《巴黎协定》：美国拜登政府气候政治新变化[J]．和平与发展，2021（3）：37—58.

② Ella Nilsen, How the Supreme Court ruling will gut the EPA’s ability to fight the climate crisis[EB/OL]. [2022-06-30]. https://edition.cnn.com/2022/06/30/politics/epa-supreme-court-ruling-effect/index.html

本主义国家的污染转移策略显然只能暂时将生态危机或者隐患转移到其他地区，但是“皮之不存，毛将焉附”，如果危机持续加剧，发达资本主义国家不可能幸免于生态危机的“连锁反应”。此外，长期的污染转嫁和资源掠夺业已在发达资本主义国家对发展中国家的“生态债务簿”上记下重要一笔。基于此，发达资本主义国家理应主动肩负起生态治理的重责，但是与生态危机相抗衡的行动在发达资本主义国家中却进行得相对缓慢，甚至出现环境政策倒退现象。

美国作为全球超级大国，也是能源消耗大国，不顾全球生态治理的历史趋势和国际社会的普遍批评，从《京都议定书》到《巴黎协定》，美国两次退出应对气候变化的全球性框架条约，对人类共同利益置若罔闻的自私本质昭然若揭。更为严重的是，美国的退群行为产生了非常坏的“榜样作用”，极大干扰了全球气候治理的集体行动和整体信心，加拿大成为第二个退出《京都议定书》的温室气体排放大国，日本、俄罗斯也宣告不接受第二承诺期，欧盟作为应对气候变化的领航者，虽然承诺履行第二期减排，但是附加条件的行为被指缺乏诚意。①2021年4月，全球新冠疫情的阴霾还未完全消散，一则来自日本放送协会（NHK）的消息再次强烈刺激了全球尤其是东亚人民脆弱的神经，日本政府决定将福岛第一核电站核污水经过滤稀释后排入大海。尽管日本政府声称核污水排放过程非常安全，但是仍然遭到了国内民众以及中国、韩国等太平洋沿岸国家的强烈反对和谴责。2023年8月24日，当地时间13时，日本核污染水正式排海，首次排海每天将排放约460吨，持续17天，合计排放约7800立方米核污染水。据日本共同社报道，福岛第一核电站的核污染水约有134万吨，2023年度将把约3.12万吨核污染水分4次排放，每次约排放7800吨。根据计划，排海时间至少持续30年。②自福岛第一核电站泄漏事件以来，对核废料的处理给日本带来巨大的经济负担和安全隐患，日本应当努力寻找更加合理的处置方式，并积极向国际社会寻求帮助，而非采取成本最低的简单办法，日本政府这种将经济利益凌驾于生态安全之上，将本国私利凌驾于国际社会公共安全之上的行为是极其自私自利和不负责任的。就在日本内阁宣布核污水排放消息数日之后，习近平总书记在出席

---

① 贺超．加拿大或退出京都议定书 被指破坏者遭炮轰[EB/OL]．中国新闻网，[2011-11-30]．https://world.huanqiu.com/article/9CaKrnJtj6m.

② 刚刚，日本核污水正式排海[EB/OL]．光明网，[2023-08-24]．https://m.gmw.cn/2023-08/24/content_1303492659.htm

领导人气候峰会时呼吁："共同但有区别的责任原则是全球气候治理的基石……发达国家应该展现更大雄心和行动，切实帮助发展中国家加速绿色低碳转型。"①但是很显然，不仅是在应对气候变化的问题上，在全球生态治理的整体实践中，发达资本主义国家本该具有的雄心和责任在与本国利益发生冲突时，都将大打折扣，甚至是不复存在。

（四）社会与政府的角色功能倒置

环保社会组织的成熟发展和高度活跃是发达资本主义国家生态治理的显著特征。第二次工业革命开始之后，发达资本主义国家在工业化发展过程中已经暴露出相应的环境问题，但是在当时"重市场轻环保"的时代背景下，政府根本无暇顾及环境问题，部分社会精英人士倡导发起环保行动，并涌现出动物保护协会（1845年，法国）、鸟类保护协会（1889年，英国）等民间组织②，成为环保社会组织的早期雏形。20世纪中叶开始，资本的飞速发展越来越成为自然的"不能承受之重"，资本主义与生态系统的对立和冲突不断凸显，随着对立的不断发酵、升级，大规模生态运动顺势而生并且蓬勃发展。伴随着环保运动由精英阶层逐渐走向社会公众，环保社会组织也迎来了发展成熟的重要时期，除了发达资本主义国家内部的环保组织，世界自然保护联盟、绿色和平组织等一批极具影响力的国际环保组织也纷纷成立发展。现如今，环保社会组织越发成熟完善，在各国以及全球环境保护中发挥重要功能，据统计，截至2014年7月，日本各类环保NGO约有4500个，这些NGO的活动领域集中于资源回收、理念推广等。NGO自主活动，并积极参与日本政府环境治理相关立法、审议程序，成为各类社会主体参政议政的一项重要内容。③值得一提的是，在环保社会组织和生态运动的推动之下，致力于环境保护的政治组织应运而生，其中最为人熟知的就是欧洲各国的绿党。二十世纪末以来，德国、瑞典、意大利等国的绿党先后入阁，比利时、法国、葡萄牙等国的绿党候选人先后进入欧洲议会，绿党开始在欧洲政界占有一席之地。随着"欧洲绿党"（EGP）在罗马成立，此前较为松散的合作组织（指"欧洲绿党联盟"）成为具有统一纲领、共同宣言和行动的统一政

① 习近平．共同构建人与自然生命共同体——在"领导人气候峰会"上的讲话[N]．人民日报，2021-04-22（02）.

② 陈玲，周静，周美春．西方环保民间组织的发展及借鉴研究环境科学与管理，2013（9）：185—188.

③ 李懿，解轶鹏，石玉．国外生态治理体系的建构模式探析[J]．国家治理，2017（3）：37—48.

党，有效增强了绿党在欧洲的话语权和影响力。

环保社会组织的高度成熟侧面反映出政府在生态治理中的消极作为。美国生物学家雷切尔·卡逊（Rachel Carson）是唤醒群众生态意识、促进环保运动勃兴的关键人物，在其著作《寂静的春天》（Silent Spring）尚未付梓成书之前，美国联邦农业部漠视生态环境危害和民众反对情绪，并未选择放弃生产和使用化学杀虫剂，并默许支持以孟山都为首的化学公司对卡逊夫人展开诬蔑和围攻，以维护自身的经济利益。所以从一定程度上说，环保运动的兴起、环保社会组织的发展不仅是对日益恶化的生态环境的正面回应，也是对政府在此问题上消极作为的被迫抗争。换言之，政府在生态治理问题上的消极作为客观上促进了环保社会组织的蓬勃发展。这样一来，也就不难理解发达资本主义国家在生态环境问题上所呈现的“强社会弱政府”治理格局。不可否认，环保社会组织在生态治理中具有独特且广泛的作用，但是从生态治理长期性、艰巨性、系统性的特点来看，理想化的生态治理格局应当是由政府主导，包括环保社会组织在内的各界力量共同参与，这样才能发挥各自优势从而实现整体最优化的治理效果。反观现实，环保社会组织的高度成熟发展，政府主导作用却未能有效发挥，这种生态治理角色功能上的倒置，实际上已经成为发达资本主义国家生态治理的现实困境和瓶颈。

第四节　中国特色生态治理对发达资本主义国家生态治理的超越

发达资本主义国家生态治理的现实困境给了中国乃至全球生态治理重要的经验教训，主要体现在四个方面：其一，生态治理是基于整个社会发展理念之下实践活动，实现主导理念由技术理性向生态理性的转向是具有长久深远意义的举措。其二，发达资本主义国家的生态环境问题之所以是内生的，不可根除的，是因为社会发展由资本逻辑牢牢主宰，生态治理如果表现为不涉及根本的零敲碎打和碎片修补，那么注定是虚假的、幻象的。其三，只有充分发挥政府主导作用，实现从强社会弱政府到强社会强政府的转变，才能凝聚生态治理的合力。其四，从全球生态治理来看，污染转移、生态转嫁只能“延缓死亡”，而不能实现人类社会的永续发展，应当以生态环境正义取代生态帝国主义，构建全人类共治共享的发展格局。这四个方面其实也正是中国生态治理所展现的或者正在努力达成的，实际上构成了中国特色生态治理对发达资本主义国家生态治理的超越。

（一）从技术理性到生态理性：实现主导理念的生态转向

理性是人类基于知识、规律、法则等要素而指导自身实践的智慧和能力，是人类本质区别于其他生物的特有属性。在文艺复兴完成了对中世纪经院哲学和宗教神学的思想祛魅之后，“理性”逐渐成为人类追求真理的思维指引。在此基础上，“整个实验科学的真正始祖”弗朗西斯·培根（Francis Bacon）高擎理性和科学的大旗，进一步消弭上帝之城的阴霾，为近代自然科学的日臻成熟奠定了方法论基础。18世纪中后期开始，西方主要资本主义国家在工业革命的推动下向现代化迈进，历经二百年时间发生了翻天覆地的根本变化，法术般地创造了“比过去一切世代创造的全部生产力还要多，还要大”[①]的生产力。技术的快速迭代发展大幅提高了人类改造自然的本领，“控制自然”的观念也随之深埋人类意识之中，自然成为人类现代化进程的垫脚石和牺牲品。易言之，在技术理性的思维惯性下，人类不仅将科学技术视作突破神学笼罩和自然崇拜藩篱的有力武器，更是将其奉为社会进步发展的决定性力量和主导性理念，并且对此深信不疑、浸淫其中，以至于在人与自然的相互关系中，自然被人为剥夺母体地位而沦为工具性存在。毫不夸张地讲，当理性与技术在现代化场域相遇融合，技术理性成为主宰人类思维和实践的全新神话，对技术理性的过度推崇和盲目服膺使人类重回奴役困境。

面对技术对内部理性和外部自然的侵蚀，人类开始反思和自省，从马克思·霍克海默到尤尔根·哈贝马斯，法兰克福学派成为技术理性批判的急先锋。但不可否认的是，正是由于科技一次次促进生产力的突飞猛进，才产生了生产关系的新故相推和上层建筑的日生不滞，以美英为代表的西方发达资本主义国家也正是在技术理性的指引下率先实现了现代化。与此同时，科学技术的进步对应对和缓解生态危机大有助益，但是应对并不意味着克服，缓解也不等同于化解。与生俱来的内在弊端无法弥合技术理性与生态保护之间的巨大鸿沟，西方传统的现代化模式不可避免地陷入困境，要想矫正技术理性在人与自然相互作用中的畸形样态进而有效解决生态危机，必须为理性注入新的价值内核，即生态的价值内核，从而实现现代化主导理念由“技术理性”向“生态理性”的有机转变。相较于技术理性，生态理性更加符合人与自然和谐共生的应然状态和实然追求，更加有利于实现人与自然和谐共生的

---

① 中共中央马克思恩格斯斯大林著作编译局，编译．马克思恩格斯选集：第一卷[M]．北京：人民出版社，2012：405．

现代化，这就要求我们将生态理念上升并融入社会发展的主导理念之中，摈弃肇始于工业革命的征服和支配自然的旧有观念，在尊重、顺应和保护自然的过程中谋求人类发展之道。

（二）从资本逻辑到生态逻辑：破除生态治理的虚假幻象

20世纪30年代起资本主义世界爆发了骇人听闻的“八大公害事件”，为了缓解日益严峻的生态危机，保持资本主义生产方式的持续活力，主要资本主义国家以多种手段持续开展生态治理。时至今日，发达资本主义国家的生态环境得到显著改善，但是空气、水质、土壤等主要污染仍然笼罩在资本主义上空，成为其挥之不去的隐痛。近年来，由于治理措施落实不力，部分欧洲国家空气质量日益恶化。欧盟委员会声称，欧盟28个成员国中，有23个空气质量不达标，超过130个城市的空气质量问题严重，85%的城市居民生活在空气质量不达标的环境中。空气污染成为欧洲头号公共健康威胁，每年有超过40万人因此引发疾病导致过早死亡，数百万人因此患上呼吸道或心血管疾病。①不仅在欧洲，美国也面临空气污染难题。据联邦数据，由于多种原因，美国空气污染天数在特朗普任期的前两年里比2013至2016年的平均天数增加了15%。②空气质量的下降直接威胁人的健康。美国肺脏协会（American Lung Association）2018空气状况报告显示，大约1.339亿人居住在臭氧和粒子污染程度不健康的县，约占美国人口五分之一。在污染最严重的10个城市中，包括洛杉矶和纽约在内的7个城市的空气质量比上一年度的报告更差。③此外，美国的饮用水也存在严重危机，在致力于生态治理的奥巴马总统执政期间，美国曝出弗林特市水污染案，8000名儿童铅中毒。随后，Maura Allaire等人研究发现，美国水质问题远不止如此，在其研究的社区供水系统（CWSs）样本中，9%的样本违反了以健康为基础的水质标准，近2100万人受到威胁。在过去的34年中，每年都有900万至4500万人受到影响，占美国人口的4%—28%。④英国《卫报》曾在2016年对密西西比河以东的43个城市

---

① 任彦．空气污染让欧盟国家很头痛[N]．人民日报，2017-02-23（22）．

② “美国拥有世界上最干净空气”？川普上任两年污染天数增15％[EB/OL]．美国中文网，[2019-06-18]．http://news.sinovision.net/politics/201906/00464089.htm.

③ Allen Cone. Four in 10 Americans live in areas with unhealthy air, report says [EB/OL]. [2018-04-18]. https://www.upi.com/HealthNews/2018/04/18/Four-in-10-Americans-live-in-areas-with-unhealthy-air-report-says/1921523991459/?utmsource=sec&utmcampaign=sl&utmmedium=5.

④ Maura Allaire, Haowei Wu, Upmanu Lall. National Trends in Drinking Water Quality Violations. [J]. Proceedings of the National Academy of Sciences, 2018,115(9): 2078-2083.

调查显示，33个城市相关机构在过去10年间的水质检测存在“作弊”行为，以掩盖或低估铅含量可能超标的事实。不难看出，美国水质问题已经不再单纯是污染问题，而是演变为涉及水质检测、供水系统等在内的更加复杂的公共安全问题。由此观之，发达资本主义国家生态环境仍然面临严峻挑战，并未能真正摆脱生态危机的困扰。

所谓资本逻辑，简言之，就是资本运行过程中所展现的内在规定和本质规律。无限增殖和扩张是资本逻辑的核心内涵，就此而言，资本逻辑与生态逻辑是天生对立的，至于二者的对立是如何产生的，前文已有详细论述，这里不再赘述。以资本的无限扩张和增殖为内在逻辑，资本主义经济社会飞速发展，创造了令人叹为观止的物质文明，但是由于对自然过度的征服和利用，环境污染、生态破坏也随之而来。除了资本逻辑、生态逻辑之外，社会发展过程中还存在社会逻辑，三者是相互影响、密切联系的整体。社会逻辑是人类社会维持稳定和发展的逻辑，不同社会制度下维护稳定的机制和模式不同，因而社会逻辑在不同的社会制度下表现出反生态性或合生态性。资本主义制度下，资本逻辑是主导社会生产和生活的刚性规律，在社会逻辑的催化下呈现“资本逻辑+社会逻辑>生态逻辑”的局势，进而资本逻辑以不可阻挡的态势宰制着生态逻辑。资本逻辑的主宰地位使得生态环境问题成为融于资本主义血肉之中的顽瘴痼疾，使得生态危机成为资本主义的内生性危机，如果没有刮骨疗毒的勇气和决心不足以猛药去疴，那些试图在资本主义制度框架内进行修正而非进行根本性厘革的生态治理举措，注定是表面的、低效的、虚幻的。反观中国特色生态治理模式，生态环境问题产生于资本逻辑、生态逻辑、社会逻辑的不断摩擦、相互角力的过程中，过去片面发展经济而忽视生态保护，资本逻辑占据上风，但未形成宰制之势，因为社会逻辑发挥着牵制和制衡作用；现在是生态逻辑主导资本逻辑，追求的是绿色发展，是人与自然和谐共生的现代化，因而中国的生态环境问题是局部的、过程的、可以克服的，中国特色社会主义生态治理的前景是光明的、美好的、值得期待的。

（三）从强社会弱政府到强社会强政府：凝聚生态治理的强大合力

政府与社会作为由人组成的一种组织形式的存在，在国家治理的方方面面都发生着密切关系。根据政府或社会在治理中的角色和功能的不同，存在四种基本的治理模式，即强政府强社会、强政府弱社会、弱政府强社会、弱政府弱社会。需要说明的是，这里的“政府”“社会”都是广义的概念，政府指包括党政军在内的涉及公权力部门的总称，社会不仅仅指前文所提到的环保社会组织，是相对于政府而言的，是以环保社会组织为主，包括除政府以外的社会公众、企业、高校研究院等社会性力量的总和；这里的“强”与“弱”主要是基于能力高低的考察，而非管辖范围的大小，毕竟管得多不意味着管得好，大包大揽反而容易导致治理失灵。从当前的主流趋势和治理实践来看，毋庸置疑，理想的治理模式应当是强政府与强社会的合作共治，而弱政府弱社会是最为糟糕的组合，强政府弱社会、弱政府强社会则介于二者之间。强政府-强社会的治理模式不是两强相争，而是强强联合、优势互补，政府之强体现在把控政策方向、提供资金支持、保障公平正义等宏观层面，社会之强在于坚持“业务本位”，把各自所属领域的业务做精、做细、做深、做透，在实现强政府与强社会协调合作基础上凝聚更加强大的治理合力。

长期以来，发达资本主义国家主张将自由主义和个人主义奉为圭臬，强调市场的绝对作用和私有财产的神圣不可侵犯，往往弱化或者忽视政府的作用。相应地，在社会治理上，西方国家通常将个人权利和私人利益置于更加重要的位置，国家所扮演的角色则被限定为个性与自由的守护者。这些可以从部分生态环境保护的法律法规中窥知一二，《国家环境政策法》作为美国较早的环境基本法，由于缺乏实质性要求和监督机制，代表公权力的组织机构的实际作用并未真正发挥，因而被认为是一部程序法。随着《环境宪章》在两院联席会通过，法国成为史上首个以宪法规格维护环境权的国家，该宪章共计十条，基本上是围绕个人的权利和义务而展开的。日本《自然环境保护法》总则第三条强调“尊重有关人员所有权及其他财产权”[①]，整部法律赋予和肯定了环境厅长官巨大的权力。再如上文所提，美国两次退出全球性的气候公约，从东京到巴黎，摆脱“绿色前任”的荒诞政治戏码先后上演，将政府在全球生态治理的责任推诿和消极作为表现得淋漓尽致，长此以往，便形成了弱政府—强社会的生态治理格局。反观中国特色生态治理，则呈现强政府的治理特点，《中华人民共和国环境保护法》共计七章七十条，其中以“国家”“人民政府”“国务院”等为主语的条款共计三十七条，充分表明了国家和政府在生态治理中的重大作用。同时也应该清楚地认识到，我国的环保社会组织、社会公众的生态意识等方面仍存在较大提升空间。总

① 秦奋．日本自然环境保护法[J]．国外法学，1982（4）：69—79．

的来说，政府角色扮演和功能发挥存在一定的中西差异，这既源于长期以来不同价值观的积淀，也与不同的制度安排有关，没有绝对的对错之分，但是就生态治理的系统工程而言，存在更优选择的问题。生态治理是一项横向到边、纵向到底的系统工程，涉及经济、政治、文化、社会等方方面面，也与国家、企业、社会组织以及个人等各级行为主体密切关联，如若缺乏贯穿始终、统筹协调的强力领导核心，生态治理将举步维艰、难以为继。因此，我们要继续保持自身特点，发挥政府的主导作用，并在此基础上进一步调动和发挥社会各界积极性，增强生态治理的社会力量，进而构建并优化强政府-强社会的治理模式。

（四）从生态帝国主义到全球环境正义：构建共治共享的全球格局

从生态帝国主义到环境正义是全球生态治理的必然趋势。生态帝国主义（ecological imperialism）是资本主义发展到一定阶段的产物，是资本逻辑在全球范围内扩张的现实表现。资本的无限增殖和扩张以不断获取剩余价值为目的，当本国（尤其是日本、德国等国土面积较小、自然资源相对匮乏的国家）的市场和资源无法继续资本扩张需求时，资本则会要求打破空间限制，将世界其他国家统统纳入其增殖和扩张的活动之中。如果说，生态帝国主义的本质是资本的无限扩张和增殖，那么其表现形式则主要是对发展中国家直接的和间接的生态掠夺。[①]直接的生态掠夺主要包括垃圾出口、资源掠夺、高污染高能耗型企业转移等具体方式，前文也有相关详细论述。间接的生态掠夺主要包括以“技术标准”给发展中国家设置环保壁垒、以“经济援助”将发展中国家卷入资本扩展体系、以“环境问题”制约发展中国家自主发展等隐蔽性手段。由此可见，由于在科学技术水平、经济发展水平、国际地位和话语权、应对生态危机能力等方面的较大差异，实际在发达国家和发展中国家之间形成了清晰的生态界限与鸿沟，并因此而形成了环境问题上的非公平正义。所以与之对应的，我们可以将一般意义上的环境正义理解为反对不平等保护、不平等责任分担等思想和主张，特别是反对发达国家不愿承担与其环境污染相一致的责任，并向第三世界国家输出污染的生态帝国主义行为。[②]基于地球生态系统的整体性以及当今世界各国日益密切的联系，环境正义才是符合更普遍更广泛人民利益的价值准则，生态帝国主义的现实存

① 孟献丽，郝玉洁．生态帝国主义的批判与反思[J]．当代世界，2019（4）：73—78.

② 张纯厚．环境正义与生态帝国主义：基于美国利益集团政治和全球南北对立的分析[J]．当代亚太，2011（3）：58—78.

在、大行其道只会加剧世界发展的不平衡和全球生态环境的整体性破坏。唯有以生态环境正义逐渐取代生态帝国主义，重塑生态治理的价值共识和行为标准，才能深入推进全球生态治理，共建清洁美丽的地球家园。

构建共治共享的治理格局是全球生态治理的必由之路。环境正义更多表现为一种价值取向和行为准则，在具体实践中，推进全球生态治理必须以联合国相关机构为核心逐步构建共治共享的治理格局。在生态治理问题上，联合国大会是最高决策机构，环境规划署是核心工作机构，但是由于联合国是不具备执法权的国际组织，并不能像主权国家对内那样对成员国使用司法、执法等强制性手段，因而对于拒绝履行义务等影响共治格局的行为往往显得力不从心。这就需要进一步完善联合国相关的惩罚触发机制，某一成员在生态治理领域的拒绝履约行为，将会在其他领域受到制裁，甚至是面临取消投票资格和会员资格等严厉性处罚，以此维护联合国及其相关法规决议的权威性。共治是共享的前提，而共享则是共治的必然结果。共治符合地球是人类共同家园的根本认知，是应对全球环境问题的不二选择，共享契合人类命运共同体的根本理念，是人类社会永续发展的应有之义。总而言之，生态环境是全人类生存和发展的共同物质基础，生态治理理应是全人类的共同责任和义务，应当充分发挥联合国在促进国际环境谈判、提高国际践约能力等方面的作用，尊重联合国及其宪章的权威，不断构建和完善共治共享的生态治理格局。

第五章

中国特色生态治理模式的独特优势

中国特色生态治理模式以马克思主义生态文明理论为指导，植根于中华优秀传统文化沃土，同时，与中国特色社会主义的治国理念和制度安排具有密切的内在联系，因而被赋予了独特的优势，主要体现在理念优势、制度优势以及文化优势三个方面。

第一节　中国特色生态治理模式的理念优势

“资本至上”是发达资本主义国家生态治理的内在逻辑，而“人民至上”是中国特色生态治理模式坚守的根本理念。在中国生态治理场域中，人民的利益诉求和对美好生活的向往，是生态治理的根本出发点和落脚点。“人民至上”的治理理念展现出了“资本至上”理念无法超越的根本优势。人与自然生命共同体的理念凸显了生态治理对保护清洁美丽地球的战略意义，表达了世界各国携手共治的美好愿景，是中国特色生态治理模式的基本理念。

（一）“人民至上”的根本治理理念

党的二十大报告从世界观和方法论的高度阐释了“坚持人民至上”的极端重要性。始终坚持人民至上是中国共产党的属性使然，更是中国共产党一以贯之的政治立场和执政理念，彰显出人民利益至上的价值指向，凸显出人民群众主体地位的现实指向，不仅是中国特色生态治理所要遵循的根本理念，更是重大优势所在。

1.人民至上理念的核心是人民利益至上

人民至上由“人民”和“至上”组合而成，“人民”是一个历史范畴，在不同历史时期，有着与时代背景紧密相连的深刻内涵。“至上”释为至高无上，具有绝对性和无条件性，说明中国共产党始终将人民放在心中的最高位置，始终将人民群众的所思所想、所求所盼、所困所急作为工作的根本着力点。从毛泽东把合乎最广大人民群众的最大利益作为言行标准，到邓小平将“人民拥护不拥护、赞成不赞成、高兴不高兴、答应不答应”作为衡量一切工作的根本标准，到始终代表最广大人民根本利益和以人为本的科学发展观，再到以人民为中心的发展思想，虽然时代背景在变迁、执政队伍在更新、话语表达在变化，但是“人民”二字始终镌刻于心，中国共产党始终与人民紧密站在一起，始终将人民的利益作为奋斗目标。人民至上理念集中表现为人民利益至上，人民利益是人民需求的别样表达，包括物质、政治、精神以及生态等诸多方面，并且在不同的历史时期有不同的利益诉求。改革开放之前，由于生产力发展水平较低，人们首先要解决吃饱穿暖的问题，物质利益成为人民群众最主要的利益诉求。随着物质生产水平的提高，人民群众的利益诉求发生由外向内的转变，对文化享受和精神富足孜孜以求。在新的历史条件下，人民群众在法治、安全、生态、健康等方面有了更加广泛、更加深刻的需求，人民对美好生活的追求成为当前的利益诉求。为此，党的十八大以来，中国共产党深刻践行以人民为中心的发展思想，在脱贫攻坚、深化改革、生态建设等领域取得了历史性成就，人民群众的期许之所在便就是我们党攻坚之阵地。在抗击新冠疫情的重大突发事件中，人民利益至上的理念得到更加深刻、更加鲜明的诠释，不管面临何种困难与情形，中国共产党始终都把群众利益挺在首位，从中央到地方，以精良的医护人员、先进的医疗设备、充足的资金保障，不惜一切代价以保护人民生命安全和身体健康。

2.人民至上理念有利于汇聚生态治理的群众力量

人民至上理念集中体现了群众史观的基本观点。生态治理作为一项涉及生产方式和生活方式的深刻社会变革，离不开源源不断的群众力量。但是事实上，由于多种原因，我国人民群众的生态意识普遍还有待提高，缺乏主动参与生态治理的主人翁精神，自然在行使生态权利、履行生态义务方面缺乏积极性和自觉性。唯有坚持人民至上理念，才能真正使人民群众成为社会的主人、成为自己的主人，从而为生态治理汇聚更加广泛、更加深厚的群众力量。为什么这么说呢？一方面，以人民至上理念指引生态实践，有利于维护和巩固人民群众主体地位。由于认识局限等原因，很多时候人民群众对自己“历史创造者”的身份是不自知或者是不确信的，因而其主人翁的意识和担当也是不足的。在这种情况下，自上而下地牢固树立人民至上的理念，有利于人民群众确证自己的主体身份，饱含积极性和创造性地投入到生态治理的伟大事业中，从而为生态治理实践的深入汇聚更多民心、集中更多民智。另一方面，以人民至上理念指引生态实践，能够帮助人民群众深刻认识到生态治理的价值定位与人民群众的利益诉求本质上是相通的。因为实现群众利益是党和国家的初心和归宿，生态环境是人民群众的共享资源，保护环境就是维护自身利益，推进生态治理就是增进自身福祉。在此基础上，人民群众在贯彻落实治理政策、约束规范生态行为、培育厚植生态意识等方面将会展现出更高的理论自觉和实践自觉。

3.人民至上理念有利于践行生态治理的初心使命

生态治理的目的何在？有人说，生态治理是为了实现美丽中国建设，生态治理是全面建成社会主义现代化强国的重要拼图，这都没有错。但是归根到底，生态治理是为了不断满足人民群众对优美生态环境的需要，这才是生态治理的初心使命，只有切实实现和维护了人民群众在生态环境方面最基本的需求和利益，美丽中国和社会主义现代化强国才能落到实处，才能有坚不可摧的群众基础。所以，生态治理不是为政绩，更不为面子，而是真真切切为人民谋福祉，为群众提供优质生态产品。人民至上理念从根本上回答了生态治理“为了谁”的问题，在本质上规定了生态治理的初心使命，从而形成了两个方面的积极作用：其一，人民至上理念为生态治理举旗定向，使其始终围绕人民群众的根本利益而不断丰富发展。一般而言，生态治理需要有科学而明确的价值导向，价值导向指引生态治理往正确的方向不断深化发展。人民至上的价值导向使生态治理扎根于最广大人民群众的根本利益，与社会主义的本质要求和共产主义的宏大目标是本质相通的，无疑为生态治理提供了正确的方向锚定和价值指引。其二，人民至上理念是生态治理系统工程和党的建设伟大工程的共同价值旨归，促使二者形成良性互动。中国共产党是生态治理系统工程的领导核心，中国共产党通过领导生态治理完成维护人民群众利益的使命，进而在人民的拥护和支持中不断加强自身建设。历史充分证明，江山就是人民，人民就是江山，人心向背关系党的生死存亡。[①]当然，生态治理也只有在党的领导下，才能凝聚生态治理合力，进而不断解决生态环境问题，不断满足人民群众

① 学党史悟思想办实事开新局 以优异成绩迎接建党一百周年[N]．人民日报，2021-02-21（01）．

的日益增长的生态需求。

（二）人与自然生命共同体的基本理念

2021年4月22日，习近平总书记在领导人气候峰会上再次重申“人与自然生命共同体”的理念，这一理念不仅体现了在充分认识社会发展规律和自然规律基础上对人与自然关系的深刻思考，凸显出人类发展与自然发展相互影响、相互依存的共生关系，同时也传达了在全球性生态危机面前，世界各国共治共享的美好愿景。

一方面，人与自然生命共同体理念突出了人与自然相互依存的共生关系。人与自然生命共同体的理念的前提是肯定自然的内在生命力和自我价值，所谓生命共同体，必须是两个以上的生命体相互联合才能构成，将人类看作一个生命体很好理解，而将自然当作与人类社会同等地位的生命体则是对过去控制主宰自然、将自然视为促进人类社会发展的工具性存在等这类观点的全面舍弃和超越。自然本就是按照自身规律发展运演的生命体，地球经过数十亿年的演化才最终形成现在稳定的生态系统，自然内部各要素的相互作用、相互协调以及自然的自我净化和修复能力使得整个系统趋势稳定，展现出强大的内在生命力。同时，正是这样一个具有内在生命力的稳定系统为人类的生存和发展提供了必要的物质基础，当人类实践活动逐渐深入到自然系统内部时，人类社会与自然系统组成了一个更加复杂的复合生态系统。因此，人类必须尊重自然的生命体地位和价值，珍惜和爱护自然，以此来维护人与自然的共生关系。其实从极限性的假设来看，人类一旦失去地球的庇护面对的唯有毁灭，但是地球失去人类又会怎样，只会失去从人类角度出发的价值，而在生物学意义上却并无大碍。因此，人类在努力践行人与自然生命共同体理念的同时，必须时刻谨记，保护自然实则是在挽救人类自己。

另一方面，人与自然生命共同体理念传达了世界各国携手共治的美好愿景。地球是全人类唯一的共同的家园，生态环境问题的发生可能是局部的，局限在某个国家或地区，但是其深远影响无国界的，没有国家能够独善其身于自然对全体人类的惩罚。2019年11月27日，法国《回声报》列出了令地球难受的6个数字，二氧化碳的聚集程度415.64ppm，巴黎夏季创下46.2度的高温纪录，热带雨林面积减少1200万公顷，化石能源消耗补贴超过4000亿美元，海平面持续升高并在可能2100年达到84cm，气候变化可能会导致100万物种灭绝。[①]除此之外，持续五月不熄的澳大利亚山火，铺天盖地的东非蝗灾，肆虐全球的新冠疫情，凡此种种，都是大自然给人类发出的警示。可以看到，面对自然的无情报复，人类显得异常渺小，并且无一能幸免。人与自然生命共同体中的“人”并非指中国人或某国人，而是指全体人类，在巨大的自然灾害和生态危机面前，人类社会唯有携手并肩、共同应对，才能求得一丝生存的希望。自参与到全球生态治理之日起，中国积极履行全球生态治理的责任与义务，是全球气候变化框架公约的首批缔结成员之一，不断提高国家自主贡献力度，在谋划本国生态治理的同时积极推动全球生态治理，开展中非绿色使者计划，实施50个绿色发展和生态环保援助项目；建立气候变化南南合作基金，帮助非洲、最不发达以及小岛屿国家等应对气候变化。此外，不同于单纯的污染输出和危机转嫁，中国倡导的“一带一路”建设始终兼顾生态保护与经济发展，与联合国共建“一带一路”绿色发展国际联盟，肯尼亚蒙内铁路的动物通道、老挝南欧江水电站工程的绿色景点、巴基斯坦旁遮普太阳能电站光伏板下的绿植……无一不是“一带一路”绿色发展理念、人与自然生命共同体理念的真实写照。

第二节　中国特色生态治理模式的制度优势

制度优势是一个国家的最大优势。[②]相较于发达资本主义国家，中国特色生态治理起步相对较晚，面临着更加复杂的生态叠加问题，但是凭借生态治理所依托的具有中国特色制度，我国生态环境保护仍然取得了令人钦佩的历史性成就，这是因为中国特色社会主义制度赋予了中国特色生态治理独特的制度优势。

（一）以社会主义公有制为基础的经济制度优势

经济发展与生态保护是具有内在密切联系的一对范畴，生态环境问题归根到底是经济发展方式问题，从经济视角出发，能够更加深刻地认识和阐释生态环境问题的产生根源及其治理问题。资本是经济发展过程中最为活跃的元素，也是探究生态环境问题不可回避的概念。资本在不同的经济制度之下既具有共性，同时也表现出不同的逻辑特征，并由此形成不同的生态效应。

---

① 2019年令地球难受的6个数字[N]. 参考消息，2019-11-30（06）.

② 习近平. 习近平谈治国理政：第三卷[M]. 北京：外文出版社，2020：119.

1.资本逻辑是导致生态危机的根源

资本逻辑是导致生态危机的根源，这是目前学界的通行解释和主流认知之一，这一观点在继承马克思恩格斯对资本批判的基础上，以资本无限增殖和扩张之逻辑与生态环境之间的本质对立解释了资本天生的反生态性，可以从以下两个方面具体论述：

一方面，资本的无限增殖和资源环境的有限容量相抵牾。资本是能够带来剩余价值的价值，是推动经济发展至关重要的元素。资本增殖是无限的、绝对的，是其规律性运动的重要体现，是其存在的根本意义。只有通过不断地增殖和扩张，资本才能带来更多剩余价值，以供养日益庞大的社会体系。马克思曾说，资本只有一种生活本能，就是增殖自身，创造剩余价值。[①]资本裹挟一切用以满足自我增殖的本性，“对资本来说，任何一个对象本身所具有的唯一有用性，只能是使资本保存和增大”[②]，就连自然也概莫能外，“一切未经人的协助就天然存在的生产资料”都只能“服从于生产”。自然资源是生产的物质基础，生产规模的不断扩大是资本无限增殖的直接表现和外部载体，由于资本的无限增殖，自然资源正不断由丰富变得相对短缺，进而进入技术和替代品发展也无法解决的绝对短缺阶段。以石油为例，进入21世纪之后，石油仍是全球主导燃料。《bp世界能源统计年鉴》（2022年版）显示[③]，在一次能源消费量中，石油以30.9%的比重占据能源结构的最大份额，煤炭（26.9%）紧随其后为第二大燃料，虽然天然气和可再生能源份额稳步提升，双双再创新高，其中以风能和太阳能为主的可再生能源持续强劲增长，目前在总发电量中占比已达13%，但从现实情况来看，人类短期内无法轻言摆脱化石能源。就储量和产出而言，世界石油产量89877千桶／日，较之去年上升1.6%，相比于2020年的大幅下降，后疫情时代的能源需求急速反弹。而全球探明储量为1732.4亿桶（2022年版未公布，此处为2021年版数据），储产比（储量/产量比率，表明剩余储量以该年度的生产水平可供开采的年限）为53.5。总之，资本的无限增殖伴随着对自然资源的无限索取和向生态环境的无限排污，而全球范围内还没有一项技术能够在有限的生物圈内确保经济的无限增长，这必然招致资本增殖逻辑和资源环境有限容量之间

---

① 马克思恩格斯文集：第五卷[M]．北京：人民出版社，2009：269．

② 马克思恩格斯全集：第三十卷[M]．北京：人民出版社，1995：227．

③ BP世界能源统计年鉴：2022版[EB/OL]．BP中国官网，[2024-01-17]．https://www.bp.com.cn/zh_cn/china/home/news/reports.html

的对抗性矛盾。

另一方面，资本投资的短期行为和生态治理的长期规划相背离。为了提高增殖效率，资本拥有者必须想方设法缩短资本的回报周期，总是计算在可预见的时间内获得足以抵御风险的利润，这就形成了资本投资的短期行为。正如恩格斯所言，“到目前为止的一切生产方式，都仅仅以取得劳动的最近的、最直接的效益为目的。”①资本的投资的短期性与生态治理的长期性是格格不入的，两组时间周期的对比使二者的对立性不言而喻：其一，资本回报周期与生态保护周期。资本渴求在可预见的、最短的周期内获得利润回报，即使是在矿藏、石油或其他自然资源等相对投资周期较长领域，其主要动机也是为了生产某种最终产品获得稳定的原材料供应。而且从长远角度来看，其回报周期也不会超过10到15年，这同生态保护至少需要50年到100年（甚至更多）相比差距很大。反观生态治理，历经六十年有效治理而即将消失的毛乌素沙漠，抑或承载三代林场建设者汗水与希望的塞罕坝绿色奇迹，都确凿印证了生态治理长期性和艰巨性。其二，资本回报周期与生态自我修复周期。所谓生态自我修复，是指处于稳定状态下的生态系统所具有抵抗外界干扰以及自我调节的能力。在排除人为干预因素外，生态自我修复周期与资本回报周期相去更远，以塑料自然降解为例，人们日常使用的塑料袋能在自然环境下存在两个世纪之久而不被降解。各种矿物、化石燃料等在人类历史时期内几乎不能再生。生态治理是需要耗费巨大财力的系统工程，一方面，短期投资行为决定了资本投资几乎不会自觉流向建设周期长、直接回报少的生态治理中；另一方面，资本投资的短周期、高频次也在相对程度上增加了污染排放和资源消耗，且这种程度远远超出了自然的修复和再生能力。

2.社会主义公有制从根本上消除资本无序扩张的可能

在“资本—生产—剩余价值—资本”的循环运动中，资本时时刻刻都在体现“无限制的和无止境的欲望”，剩余价值不断资本化，资本主义生产不断扩大化，由此推动现代社会挣扎着从传统社会的母体中破壳而出，构建起全新的生产关系和生活场景。为了实现增殖，资本始终遵循空间并存、时间继起的一般运动规律。资本的无限增殖暗合了生产资料的私人占有，因为资本增殖是对生产资料占有者私欲的极大餍足，而非社会公共财富的扩大。

---

① 马克思恩格斯选集：第三卷[M]．北京：人民出版社，2012：1000.

生产资料占有者极力为资本的增殖和扩张扫清障碍，因为他们属意的“只是他们的行为的最直接的效益”。需要指出的是，这里所谓的资本无序扩张并非指向混乱、无规律，而主要表现为资本非理性的、裹挟式的增长。此外，马克思还洞悉了资本的社会关系本质，“纺纱机是纺棉花的机器。只有在一定的关系下，它才成为资本。脱离了这种关系，它也就不是资本了。”①并且，“资本显然是关系，而且只能是生产关系。”②由此可见，对资本的考察必须在特定的社会关系和生产关系中展开。

以史观之，发达资本主义国家开辟的“资本+生产资料私有”的模式虽然率先开启了现代化之路，但它给生态环境造成了不可磨灭的伤害。在社会主义场景下，社会主义公有制是资本增殖和扩张的制度基础，与资本主义私有制促使资本不顾一切攫取更多剩余价值不同，公有制规定了生产资料属于全体人民或劳动者集体，那么生产过程中人与人的关系便不存在剥削与被剥削的关系，经济效益将与生态效益、社会效益一起，有机统一于资本增殖的价值诉求。总之，从资本主义私有制到社会主义公有制，资本自我增殖的一般共性没有改变，但是所处生产关系的本质变化改变了资本非理性的、裹挟式的增长方式，资本发生了由“无序扩张”向“理性增长”的柔性嬗变，资本增殖逻辑不再服务于生产资料的私人占有者，这也就从根本上消除了资本无限压榨和索取自然的可能。

3.社会主义基本经济制度引导资本合生态性的外部走向

如前文所述，所谓资本逻辑，简言之，就是资本运行过程中所展现的内在规定和本质规律。结合马克思对资本社会关系本质的深刻剖析以及社会主义市场经济发展的实践反思，不难发现，资本逻辑实际上不是单一的，而是表现为双重属性，即资本的运动逻辑和资本的运作逻辑。资本运动逻辑是资本作为经济现象按照自身规律进行运动的逻辑，资本运作逻辑是资本按照社会主体（资本所有者）的意志进行运作的逻辑。需要指出的是，资本是一个社会历史的范畴，马克思所处时代的资本运作逻辑之所以被遮蔽，因为彼时是资本主义狂飙突进之时，资本所反映的社会生产关系就是资本家和工人之间的剥削与被剥削的关系。资本所有者，即资本家运作资本的目的是渴求更多的剩余价值，这与资本的运动逻辑无疑是不谋而合的，因而资本的双重逻

---

① 马克思恩格斯文集：第一卷[M]．北京：人民出版社，2009：723．

② 马克思恩格斯文集：第八卷[M]．北京：人民出版社，2009：168．

辑具有高度的同一性，致使在认识过程中无法将双重逻辑清晰地区分开。另外，当时无产阶级虽然存在但是并没有掌握资本，不可能进行以资本为核心的经济实践，也就不可能在实践创新中进行理论反思。如果在此基础上定位于社会主义的时空场景，重新辩证审视资本，那么资本的双重逻辑将不言自明。以此而论，资本的双重逻辑不是主观臆造的产物，也不是迎合现实的创造，而是一种由资本自身性质所决定的应然存在，更是被资本现实发展所确证的实然存在，具体可以从两方面加以理解：

一方面，马克思的资本研究是资本双重逻辑的方法指导和理论基础。马克思毕生致力于资本研究，其对资本“肯定—否定”的辩证研究视角给予我们重要的方法指导。马克思在1873年书写资本论“第二版跋”时指出，“辩证法在对现存事物的肯定理解中同时包含着对现存事物的否定的理解”①。马克思在对资本批判的同时也对资本进行了“肯定的理解”，马克思用“三个有利于”，即“更有利于生产力的发展，有利于社会关系的发展，有利于更高级的新形态的各种要素的创造”②，集中表达了“资本的文明面”。虽然资本的“伟大的文明作用”不能直接理解为资本在生态领域的“文明作用”，但这表明资本是辩证的、多维的有机体，需要结合具体的社会历史条件才能真正理解和认识它。更重要的是，马克思揭示了资本的本质是社会关系。在阐述雇佣劳动与资本时，马克思曾以纺纱机为例，指出纺纱机脱离“一定的关系”便无法成为资本，尔后，马克思进一步阐述“一定的关系”实则是“一种社会关系”，他在《资本论》第1卷中引用和肯定爱·吉·韦克菲尔德的观点时强调，资本不是物，而是一种以物为中介的人和人之间的社会关系。③由此可见，资本的本质就是人与人之间的社会关系，这与资本的增值逻辑并不矛盾，因为只有渗透到人与人之间的社会关系中资本才能展现它的增值魔法。在资本主义制度条件下，资本所体现的社会关系就是资本家对工人的剥削和统治。与此同时，资本主义这种剥削与被剥削的社会关系又对资本产生作用和影响，赋予资本“独特的社会性质”，资本被赋予性质的过程，就是“一定的历史社会形态的生产关系”作用于资本，影响资本整体性质和外部走向的过程。

另一方面，社会主义市场经济实践是资本双重逻辑的历史条件和现实确

---

① 马克思恩格斯文集：第八卷[M]．北京：人民出版社，2009：22．

② 马克思恩格斯文集：第七卷[M]．北京：人民出版社，2009：927—928．

③ 马克思恩格斯文集：第五卷[M]．北京：人民出版社，2009：877—878．

证。由于与市场经济密切相关、不可分离的关系，资本一度被认为是资本主义特有的范畴。然而随着社会的进步和实践的深入，资本和社会主义并不相互拒斥，而是产生了良好的“化学反应”，形成了社会主义市场经济体制。作为极其重要的主导成分，国有经济在社会主义市场经济体制的沃土上不断优化和壮大，取得令世界瞩目的成绩。新中国成立70周年经济社会发展成就系列报告之二显示，2018年末，规模以上工业企业中国有控股企业数量仅占4.9%，但主营业务收入占26.8%，利润总额占28.0%。同年《财富》世界500强企业中，120家上榜的中国企业中有48家为央企，更有3家央企排名前十，央企营业收入占全部上榜企业总收入的49.1%。这充分说明国有企业在国民经济中的支柱作用，以及在全球范围内的强大竞争力。国有企业成长的背后是国有资本的发展壮大，这不禁引起思考：曾经被冠之以资本主义特有的资本何以在社会主义公有制制度下落地生根、蓬勃发展？资本主义生产资料私有制下的资本的无限扩张性、制度障碍性与社会主义生产资料公有制下资本的理性增值和科学发展的差异缘由何在？回答这些问题的关键在于资本本身，资本的运动逻辑要求增值和扩张，把不断攫取剩余价值视为根本目的，这显然与社会主义制度相抵牾，二者在实践中的良好化学反应表明，在资本运动逻辑之外，必然还存在能够与社会主义相契合的另一层逻辑，即资本运作逻辑。

资本的运动逻辑集中表现为资本的无限增殖和扩展的逻辑，作为纯粹的经济技术形态下的经济主体，资本将自然界作为“有用物”对待，其本质使命就在于“发现新的有用物体和原有物体的新的使用属性”[①]，从而迫使自然沦为一种价值增值工具。所以从资本运动逻辑层面来说，资本与生态“先天不合”，资本逻辑是引发生态危机的本质缘由。而且只要资本存在，其必然在运动逻辑的驱使下走向生态的对立面，进而导致生态危机，这不会因资本运动的社会环境是资本主义还是社会主义而有所不同，因为资本的运动逻辑是绝对的、跨越制度差异的。所以当我们说，资本逻辑是生态危机的根源时，实际指向的是资本的运动逻辑。资本运作逻辑是资本在社会形态下，按照资本所有者的意志进行运作的逻辑，反映了资本所有者的性质和利益。社会主义基本经济制度下，资本运作具有特殊的社会逻辑特征，主要体现在综合效益导向、经济结构优化、国家安全为本等方面。即使是社会主义市场经

① 马克思恩格斯文集：第八卷[M]．北京：人民出版社，2009：89．

济体制下的私人资本，其资本运作也必然受到整体资本环境以及资本外部的制度、法规等影响，从而对资本运作逻辑产生重要影响。

资本逻辑是运动逻辑和运作逻辑的有机复合，任何资本都是在双重逻辑的作用下运行的。那么资本逻辑在生态领域所呈现的效果自然也是在运动逻辑和运作逻辑复合嵌套作用下形成的，二者相互作用的方式不同，在生态领域的外在表征则不同。作为一种客观存在，资本可以视为自变量，在不同的社会场景下，资本经由运动逻辑、运作逻辑的复合作用导出不同的因变量生态效应，表现为反生态性或合生态性，可用复合函数表示为：

$$\text{生态效应}=f_2\,[f_1\,(\text{资本})]=\begin{cases}\text{反生态性，资本}\in\text{资本主义}\\ \text{合生态性，资本}\in\text{社会主义}\end{cases}，\text{其中}\begin{cases}f1=\text{运动逻辑}\\ f2=\text{动作逻辑}\end{cases}$$

资本主义制度下，资本运动逻辑暗合资本的私人占有，资本运动逻辑驱动下的增值和扩张意味着资本家获取更多剩余价值。同时，资本所有者在运作资本时则为了攫取更多“最直接的效益”则会极力为资本增殖和扩张扫清障碍，而全然不顾自然极限和生态正义。如此一来，资本的运动逻辑和运作逻辑同时同向同性发生作用，在二者“精妙配合”之下，资本最终呈现反生态的外部走向。在社会主义基本经济制度场域下，运动逻辑仍然以资本增殖为目的，但资本的运作逻辑体现以人民为中心的要求，以满足人民美好生活需要为目的，在具体作用方式上与资本运动逻辑同时反向异性发力，在运动逻辑和运作逻辑良性互动的基础上实现资本合生态的外部走向。此时，当资本运作逻辑占据资本运行的制高点，成为牵引运动逻辑、降低资本增值之生态成本的重要力量，在有效防止资本无序扩张的基础上，将进一步引导资本向投资大、周期长、回报低的生态领域流动，促进绿色金融蓬勃发展，由此，生态逻辑也因此在社会发展过程中成为凌驾于资本逻辑之上的存在。与此同时，在社会主义条件下，非公有制经济必然同占优势的公有制经济相互联系并受其巨大影响，包括所呈现出来的合生态性。正如马克思在《政治经济学批判》导言里所说：“在一切社会形式中都有一种一定的生产决定其他一切生产的地位和影响，因而它的关系也决定其他一切关系的地位和影响。”①

需要指出的是，资本的双重逻辑不是主观臆造的产物，也不是迎合现

① 马克思恩格斯选集：第二卷[M].北京：人民出版社，2012：707.

实的创造，而是一种由资本自身性质所决定的应然存在，更是被资本现实发展所确证的实然存在。资本是一个社会的、历史的范畴，马克思处在资本主义突进狂飙的时代，资本所反映的社会生产关系就是资本家和工人之间的剥削与被剥削的关系。资本所有者，即资本家运作资本的目的是觊觎更多的剩余价值，这与资本的运动逻辑无疑是不谋而合的，因而资本的双重逻辑具有高度的一致性，致使在认识过程中无法将二者清晰地区分开。另外，当时无产阶级虽已觉醒，但是并没有掌握资本，不可能进行以资本为核心的经济实践，也就不可能在实践创新中进行理论反思。但是，马克思资本研究的伟大之处就在于洞见了资本本质，他曾断言："资本显然是关系，而且只能是生产关系。"[①]如果在此基础上定位社会主义的时空场景，重新辩证审视资本，那么资本的双重逻辑将不言自明。

（二）以中国共产党为领导的政治制度优势

党的领导是中国特色社会主义制度的最大优势。加强党的领导是我们党在长期实践中总结得出的宝贵经验和执政智慧，只有坚持党的领导，才能保证为人民服务的初心和使命不变，才能保证艰苦奋斗和攻坚克难的作风不改，才能保证集中力量办大事的优势不丢。党的十九届四中全会作出坚持和完善党的领导制度体系的战略安排，从制度层面进一步强化党的全面领导。在生态治理领域，坚持党的领导具有重要意义和显著优势，主要体现在治理政策的延续性和发展性、发展策略的调整纠错能力，突出聚焦党政领导干部这一"关键少数"群体的权力责任以及中央生态环境保护督察的突出作用和强大威力。

1.中国共产党领导下的决策延续和调整纠错

中国实行一党执政、多党参政，中国共产党是没有自己特殊利益的始终以人民为中心的伟大政党，这充分保障了其在生态治理领域的持续深耕。宏观战略以及政策的稳定延续是发挥其功能最基本的前提，人去政息、朝令夕改是战略与政策实施的大忌，与美国两党竞争执政的反复无常和政策断裂不同，科学的决策在中国代代相传。一方面，生态文明建设的战略位置不断加强。从第二次全国环境保护会议将环境保护确定为基本国策到十六届五中全会提出建设"两型社会"再到党的十七大首次提出建设生态文明，这足以体现党和国家对生态文明建设战略作用的高度重视和深邃思考。此外，我们党

① 马克思恩格斯文集：第八卷[M].北京：人民出版社，2009：168.

是世界上首个将生态文明写入党章，成为其行动纲领的政党，生态文明建设还被写入宪法，成为国家意志的生动体现。另一方面，生态治理制度体系愈发完善。从制度赤字到构建起生态治理的“四梁八柱”制度体系，在中国共产党的领导下，生态治理的制度体系始终处于继承前者成果而不断呈现螺旋式上升的良性状态。同时，顶层设计的发展和完善指导着生态实践的不断深化，如前文所提到的三北防护林体系建设工程，规划从改革开放开始到21世纪中叶结束，历经多届党的领导集体而不断深入推进，目前已经进入第三阶段第六期工程，截至2018年，取得累计完成造林保存面积3014.3万公顷，提高森林覆盖率8.52%，提高活立木蓄积量26.1亿立方米的显著成果。①

强大的调整纠错能力也是中国共产党领导下的政治制度优势的生动体现。一个政党的执政之路就如同一个人的成长之路，难免会犯错误，难免会走上错路、弯路，甚至是险路，但更重要的是要始终牢记来时之路、看清前行之路，通过及时地调整和纠错回归到正确的道路上。实事求是地讲，中国特色社会主义发展模式并不是完美的，可贵的是，中国共产党领导下的发展模式具有强大高效的调整纠错能力。在生态治理的问题上亦是如此，早在改革开放之初，环境问题已经备受关注，西方发达国家以牺牲环境换取经济发展的模式引起广泛争论。后来的事实是，虽然党和国家已经高度关注并且采取相应的措施，但我们并没有一开始就完美避开经济发展和保护环境“零和博弈”的怪圈，伴随中国经济高速发展而来的是严峻的生态环境问题。当生态环境问题威胁到社会可持续发展以及人民群众生命健康时，中国共产党痛定思痛，及时调整经济发展的重大战略，纠偏过往实践中的错误思维方式和行为方式，以资源承载力和环境阈值为底线，领导全国人民和社会各界以坚如磐石的治理决心和行之有效的治理措施取得生态治理的历史性成就。

2.生态治理过程中党政领导干部的关键之责

在中国共产党领导下的生态治理系统工程中，党政领导干部是特殊且关键的一环。实践证明，生态环境保护能否落到实处，关键在领导干部。作为个体，各级党政领导干部能够通过积极践行绿色行为方式，发挥垂范引领作用，自上而下地不断厚植绿色行为方式和生态环保意识。更为重要的是，领导干部是中央与地方、决策与实践的中间环节，是顶层设计的贯彻者和执行者，是规章制度的制定者和维护者，是基层活力的激发者和引导者。因此，

---

① 喻思南．三北工程区生态环境明显改善[N]．人民日报，2018-12-25（09）．

一方面，要强化领导干部的责任意识。作为地方重大事项的决策者，党政干部有理由、有能力、有权力肩负起保护生态环境的重大责任。中国共产党通过加强党内外法规建设，以自然资源资产离任审计、终身追责等制度约束领导干部的行为，杜绝对自然资源资产和生态环境的“长官意志”式处置，进一步压缩权力的“任性空间”，对不负责、不作为、胡作为的领导干部进行最严格的主体问责；另一方面，转变扭曲政绩观，为领导干部去紧箍。过去，受“唯GDP主义”羁绊，一些领导干部认为保护生态环境只是潜在的、隐性的政绩，不惜在生态环境问题上“挂空挡”，甚至“挂倒挡”，牺牲环境换取一时一地的经济增长。事实上，随着顶层设计导向的改变，生态治理已经成为“显性政绩”，习近平总书记强调，“生产总值即便滑到第七、第八位了，但在绿色发展方面搞上去了，在治理大气污染、解决雾霾方面作出贡献了，那就可以挂红花、当英雄”。[①]为此，中共中央和国务院先后印发《环境保护督察方案(试行)》《生态文明建设目标评价考核办法》等具有重要意义的法规，将正向鼓励和反向约束相结合，以更加完善的奖惩机制和更加科学的考核办法帮助领导干部强意识、松紧箍、变思想，敦促领导干部真正担负起“关键少数”之责。

3.中央生态环境保护督察的突出作用和强大威力

中央生态环境保护督察制度是国家为加强环境保护工作而作出的重大改革举措和制度创新，实行组长负责制，组长、副组长由党中央、国务院研究决定，组员来自中办、国办、中组部、中宣部、司法部、审计署和最高人民检察院等相关机构。小组成员遵循回避原则，与督察对象在任职、地域、公务等方面均予以回避，充分保证督察工作的客观公正。督察对象涵盖省级行政单位（不含港澳台）、新疆生产建设兵团以及相关部委和中央企业，基本实现全覆盖。督察以例行督察、专项督察和“回头看”相结合的方式，对督察对象在“习近平生态文明思想”以及新发展理念落实情况、中央生态环境保护决策部署以及相关法律法规落实情况、突出环境问题及其处理情况、对群众所反映问题的立行立改情况等相关方面进行督察。总的来说，中央环保督察突出政治站位、问题导向和人民关切，以全面覆盖的督察范围、纪律严明的督察队伍、科学有效的督察方法，成为中国共产党领导下的一柄生态环境保护利剑。对督察对象来说，中央环保督察不仅是一次全面的“工作检

① 习近平关于社会主义生态文明建设论述摘编[M]．北京：中央文献出版社，2017：21．

查”，对所属范围内的生态工作的短板、漏洞进行权威筛查，更是一次严肃的“政治审查”，对主要党政干部的思想意识和责任担当进行了深刻的洗礼。

从实际开展情况来看，中央环保督察具有显著作用和强大威力，如表6-1所示，从2015年年底河北试点开始，截至目前，中央环保督察共开展两轮十批次的督察工作（不包含两轮环保督察“回头看”），2023年启动第三轮督察工作。从前两轮督察情况来看，中央生态环境保护督察组共受理举报23.64万余件，立案处罚约3.5万家，累计开出罚单超过17亿元；立案侦查1948件，拘留1658人；约谈党政领导干部21527人，问责18150人，在全国范围内刮起了一场“环保风暴”。从数据变化来看，整体督察态势从严从密，较之于首轮督察，第二轮督察每批次在受理数量、立案处罚、罚款金额、拘留人数、问责人数等方面均有明显下降，这也从侧面反映出中央生态环境保护督察大见成效。

表5-1　中央生态环境保护督察边督边改情况汇总（2016—2022）

时间	受理举报（件）	立案处罚（家）	罚款金额（亿元）	立案侦查（件）	拘留（人）	约谈（人）	问责（人）
首轮第一批	13316	2659	1.98	207	310	2176	3287
首轮第二批	26330	5779	2.43	595	287	4066	2682
首轮第三批	35523	7086	3.36	354	355	6079	4018
首轮第四批	43015	9181	4.66	297	364	4210	5763
第二轮第一批	21277	1901	1.13	60	56	1365	234
第二轮第二批	11870	1000	0.79	57	50	355	104
第二轮第三批	33513	2575	1.91	160	95	1708	844
第二轮第四批	28026	2862	1.09	95	87	765	540
第二轮第五批	9656	683	—	61	54	546	478
第二轮第六批	13881	1299	—	62	—	257	200
合计	236407	35025	17.35①	1948	1658②	21527	18150

注：数据根据生态环境部官网、新华社、新京报整理得出。由于生态环境部官网相关数据未公布，数据①未计算第二轮第五批、第六批，数据②未计算第二轮第六批。

（三）以人民意志为依归的法律制度优势

所谓举一纲而万目张，如果可以准确掌握问题的症结，那么解决问题自然水到渠成。法律制度建设就是生态治理系统工程的关键所在。在改革开放开始之前，尽管彼时党和国家工作的重心聚焦在经济建设，但以法律权威化解环境保护难题的思想已经初步形成。七八宪法明确规定，“国家保护环境和自然资源，防治污染和其他公害”，这是我国历史上首个环境保护相关的宪法条文，为环境保护及其相关立法工作提供了宪法依据。随着邓小平同志在中央工作会议闭幕式上强调要加强社会主义法治建设，相关立法工作紧锣密鼓地展开。1979年颁布的《中华人民共和国环境保护法（试行）》是我国环境保护步入法治化的重要标志，随后二十年，我国环境立法工作推进得十分快速，在资源和生态保护方面，我国相继出台了土地管理法、水法、水土保持法等；在污染防治方面，我国先后制定了大气污染防治法、水污染防治法等。[①]2002年，《中华人民共和国清洁生产促进法》颁布出台，这是我国第一部以经济发展与环境保护内在联系为切入的法律，标志着我国环境污染治理立法发生了由末端治理向前端预防转移的重大变化，也为2009年施行的《循环经济促进法》奠定了良好的前期基础。党的十八大以来，在生态文明建设的大背景下，环境保护立法工作全面升级，全国人大常委会制定或修订了环境保护法、大气污染防治法、水污染防治法、海洋环境保护法、野生动物保护法等近20部生态相关法律，形成了更为严密、更为系统的环境法律体系。

法律是世界各国生态治理的通用方式和普遍手段，如何突出中国生态治理法律制度的独特性和优越性是关键。一言以蔽之，党的意志、人民意志和法的意志的高度统一是中国生态治理法律制度的本质特征和优势所在。从党、法、民的关系来看，三者是有机统一的整体，这也就是决定了党的意志、法的意志、人民意志的高度统一。可以从两个方面加以理解：一方面，党的意志和人民意志具有本质一致性。人民民主专政的国体决定人民的主人和统治者身份，而中国共产党是人民意志的捍卫者。从性质规定上看，党是人民的先锋队，代表人民进行治国理政；从执政实践上看，政党的政治立场问题是根本性问题，决定着政党的前途和命运。始终与人民站在同一阵营，为民诉心声、为民办实事是巩固党执政根基的前提，脱离群众，甚至是背弃群众必将导致遭受人民的遗弃和历史的淘汰。中国特色生态治理是党领导亿万人民的生动实践，党的领导和人民群众的参与缺一不可，只有时刻心系群众意志和利益，才能保证平稳推进。另一方面，法的意志与人民意志是辩证统一的。法律是统治阶级意志的体现，这是马克思主义法律本质的原则，这也就决定了中国特色社会主义法律制度的本质在于体现和维护人民意志，其本质目的是促进人的全面发展和自由发展，以追求人民的经济、政治、文

① 新中国60周年系列报告之十七：环境保护成就斐然[EB/OL]．中国政府网，[2021-07-17]．http://www.gov.cn/gzdt/2009-09/28/content_1428543.htm

化、社会和生态等方面的利益。总的来说，党的意志和法的意志有一个共同的价值指向——人民利益，这也是正确理解两者之间辩证关系的必要条件。在中国特色社会主义法律制度建设问题上，党的意志、人民意志和法的意志的高度统一，人民意志和利益成为中国共产党和社会主义法治的“最大公约数”，毫无疑问，不仅给生态环境法律制度建设确立了一个权威政治力量，更为其丰富和发展定下了永恒的价值遵循。

第三节　中国特色生态治理模式的文化优势

事实证明，一个文化创造力较强的民族，更容易赢得其他民族在观念上的尊重、情感上的亲近、行动上的支持。中华文化是世界上唯一没有中断的文化，具有其他民族文化不可比拟的优势。在灿若星河的文化长廊中，古代先贤基于人与自然关系思考凝结而成的生态智慧是其中的重要组成部分，给予后世无限启示和激励。此外，在实践中逐步形成的催人奋进的生态精神以及系统丰富的生态理论，反过来又成为生态治理的重要精神动力，这些构成了中国特色生态治理模式的独特文化优势。

（一）与时俱进的科学生态理论

一般而言，虽然理论与实践是相互联系、相互呼应的一对范畴，但二者往往是非对称的、非同步的。理论不能完全描述出实践的全部内容和特征，实践也不会全数遵循理论的要求和指导，表现在时间序列上就是理论滞后于实践，或者理论领先于实践。正是由于理论与实践之间的非对称性的、非同步性的张力，二者才能不断促进对方向前发展以实现良性互动和相辅相成。在中国特色生态治理实践深入开展的过程中，经过不断总结提炼升华，从毛泽东绿化祖国的思想，到邓小平生态治理的法制思想，到人口资源环境协调发展思想，到科学发展观，再到习近平生态文明思想，形成了许多与时俱进的科学生态理论。仔细回顾我们党历史上所形成的关于生态的观点和理论，继承性、人民性、渐进性是其过程性特点，脉接于马克思恩格斯的生态思想，立足于中国的现实状况，在认识自然、治理理念、治理方法等方面不断深化完善，逐渐形成系统化、科学化的思想体系。生态理论成熟发展的过程也正是生态实践攻坚克难的过程，生态理论与生态实践相互影响、相互促进，发挥着指导生态实践的重要作用。

科学生态理论是生态实践的行动指南，是深入推动生态实践的重要驱动力。党的百年曲折辉煌发展历程充分证明，以科学理论武装头脑、以科学理论引领实践，是何等重要，这既是中国共产党迎接挑战、完成使命的根本保证，也是中国革命、建设、改革取得胜利的重要思想基础。正如习近平总书记所说："95年来，中国共产党之所以能够完成近代以来各种政治力量不可能完成的艰巨任务，就在于始终把马克思主义这一科学理论作为自己的行动指南，并坚持在实践中不断丰富和发展马克思主义。"①不难发现，中国特色生态治理也是这样一个理论指导引领实践的过程，从号召全国植树造林的运动式治理，到运用科技、法律等手段的科学式治理，再到深入经济发展方式的系统式治理，生态理论的每一次丰富和发展都推动了生态治理实践的大踏步前进，主要体现在治理方向的指引、治理思维的改变、治理方法的创新以及治理效果的强化。总的来说，放眼寰宇，将人民利益与生态治理、治理实践与治理理论、理论继承与理论创新如此紧密相连的，实属少见，这也成为中国特色生态治理模式的重要特征和显著优势。

（二）赓续传承的传统生态智慧

中国古人很早便开始思考诸如人与自然、宇宙本原、万物构成等问题，在此基础上形成了中国古代自然观，带有丰富的辩证法以及自然与社会整体意识的特点。前文在阐述中国特色生态治理模式思想源流时，已经从内容角度对传统文化的生态智慧加以论述，因此不再赘述。这里主要从意义和价值角度，阐发传统生态智慧赋予中国特色生态治理模式的积极作用和现实意义。

一方面，传统文化中的生态智慧是推动生态治理的重要思想宝库。传统文化中的生态智慧是古人在千百年长期实践中总结提炼的成果，是他们时代的智慧结晶，那么，在生态治理技术和手段愈发先进的现代社会，是否仍有必要继承和发扬传统生态智慧？答案是肯定的，但是需要强调的是，要想发挥传统生态智慧跨越时空的现实价值，就必须对其进行创造性转化和创新性发展。传统生态智慧与绿色发展理念的具有内在契合性，例如我国古代君主在制定制度时，就已经知道"春三月，山林不登斧，以成草木之长；夏三月，川泽不入网罟，以成鱼鳖之长"，这与我们现在正着力建立和完善的自然资源休养生息制度体系蕴含着同样的自然规律和生态原理。再例如，我们可以将诸如"天育物有时，地生财有限，而人之欲无极"等内容纳入国民生态教育体系中，充分发挥其教育启示作用。由此可见，不管是治国理政的

① 习近平．在庆祝中国共产党成立95周年大会上的讲话[M]．北京：人民出版社，2016：8.

政策制定，还是生态意识的厚植培育，只要善于发掘、科学利用，对传统生态智慧进行创造性转化和创新性发展，必定能使其成为推动生态治理的重要源泉。

另一方面，传统文化中的生态智慧是提振生态自信的深厚底蕴。客观来说，改革开放后的一段时间内，我国经济的迅速发展付出了较大的生态成本，经济社会的发展成果是喜人的，但是环境污染问题也是恼人的，这使得中国特色的发展道路和模式为人诟病，经济发展带来的自信心和自豪感大打折扣。可以说，生态环境问题成为中国发展道路的敏感话题。在生态环境问题日趋严峻的形势下，我国开展一系列极具挑战且富有成效工作，加强生态治理的顶层设计，着重补齐生态治理的基础性制度赤字，深入实施污染防治专项整治行动，使生态环境质量持续好转，实现了生态环境的历史性、转折性、全局性变化。但是令人吊诡的是，“外国的月亮比较圆”的思想似乎深深扎根于人们脑中，当涉及中外生态环境比较时，自信缺失的问题仍然存在。可以想见，如若对此现象听之任之，极有可能产生消极的社会性思潮，对坚定道路自信和培育精神力量产生不可估量的负面影响。传统文化中的生态智慧不仅可以帮助启示生态治理实践取得成功从而垒实自信，更能作为直接力量增强生态自信，如同中华民族伟大复兴一样，我们曾经取得的辉煌是我们再创辉煌的基础和底蕴。事实上，许多西方学者早已清楚地认识到中华传统文化中蕴含的强大力量和超凡智慧，1988年，75位诺奖得主发出宣言：人类如果要在21世纪生存下去，就必须回到2500年前，去孔子那里汲取智慧。①不仅是孔子，源远流长的传统文化中蕴含着太多的生态智慧，如果我们不自知而将其弃之如敝屣，那将是何等的遗憾。我们应当充分发挥传统文化滋养心性、浸润品性的作用，以其中蕴含的丰富生态智慧为生态治理提供力量源泉，为提振生态自信提供深厚底蕴。

（三）催人奋进的先进生态精神

人无精神则不立，国无精神则不强。在中国共产党领导全国人民进行社会主义革命、建设以及改革的百年伟大历程中，一系列宝贵而催人奋进的精神在实践中不断生成，构筑起系统丰富的精神谱系，为中华民族伟大复兴和社会主义现代化强国建设提供了丰厚滋养。在中国特色生态治理实践中，涌现出众多凝心聚力、催人奋进的先进生态精神，其中比较有代表性的包括

① 李拯．我们为什么要“回到孔子”[N]．人民日报，2014-09-25（04）．

“敢干、苦干、实干、巧干”的黄柏山精神，“牢记使命、艰苦创业、绿色发展”的塞罕坝精神，“守望相助、百折不挠、科学创新、绿富同兴”的库布齐精神等。其中，塞罕坝精神被列入中国共产党人精神谱系第一批伟大精神，习近平总书记号召全党全国人民要发扬塞罕坝精神，把绿色经济和生态文明发展好，在新征程上再建功立业。[①]在绿化国土的伟大征程中，也涌现出一大批感人至深的先进事迹，“绿化将军”张连印、“草鞋书记”杨善洲、“治沙巾帼”牛玉琴……他们用赤诚的坚守和无悔的精神在祖国大地树立绿色丰碑。此外，生态精神的传播需要借助一定载体，无论是主旋律作品还是商业制作，毋庸置疑的是，《杨善洲》《五月花开》《八步沙》《最美的青春》《可可西里》《流浪地球》等一大批饱含环保元素和生态情怀的人民群众喜闻乐见的优秀影视作品都极大促进了生态理念的弘扬，而这些有形的作品本身也成为生态精神的重要外延。总而言之，先进生态精神在激发斗志、传播理念、引领实践等方面具有巨大的现实价值。

其一，先进生态精神具有重要的示范意义。无论是黄柏山精神、塞罕坝精神，还是右玉精神、库布齐精神，尽管创造精神的主体、地域有所不同，但是其共性在于，这些精神都是在与艰苦自然条件相斗争的实践基础上生成的，在实践过程中所展现出来的科学方法或实践方式对于其他地区来说具有重要的示范作用。如右玉精神，其所体现的，已经不是简单的与风沙黄土斗争、造林添绿的过程，更是一部遵循党的宗旨使命、践行党的群众路线和带领人民群众艰苦拼搏中求发展、谋幸福的奋斗史、创业史。[②]发挥党的领导作用、践行群众路线、动员最广泛的力量就是右玉精神所折射出的科学的方法论指导之一。所以从这个意义上来看，右玉精神不仅是精神层面的结晶，更是开创美丽中国建设新局面具有推广示范意义的宝贵财富。

其二，先进生态精神具有强大的感召作用。精神一经形成和产生，必然具有凝聚、感召、导向的作用，这是精神的本质特征和本质属性。透视发生在中国大地上的生态治理奇迹可以发现，长期坚持不懈的奋斗是其共同的成功密钥，而精神的共鸣和感召则是支撑人们久久为功的动力所在。鄂尔多斯三代人接续奋斗终成大漠奇迹，塞罕坝林场人五十多年艰苦拼搏筑起绿色生态屏障，最初的奋斗者或出于响应国家号召，或出于改变恶劣生存条件的强

---

① 贯彻新发展理念弘扬塞罕坝精神 努力完成全年经济社会发展主要目标任务[N]. 人民日报，2021-08-26（01）.

② 高建生. 右玉精神的科学内涵与价值意蕴[N]. 光明日报，2021-03-30（08）.

烈愿望，而后来者则深感前辈之艰辛，传承前辈之精神，追随前辈之脚步，一代又一代人毅然投身艰苦卓绝的现实斗争。时至今日，催人奋进的先进生态精神将在全社会范围内，激励和感召更多人以更加丰富的方式积极参与到生态治理的系统工程中。

其三，先进生态精神是培育全社会生态道德的宝贵精神财富。要想取得生态治理的根本成功，要想真正建成美丽中国，思想道德领域是不可或缺的部分，社会大众的思想领域要发生翻天覆地的变化，并形成与新的社会要求相匹配的思想体系。生态道德就是这庞大思想体系的重要支柱之一，它要求我们重新认识和定位人与自然的关系，把和谐共生作为处理人与自然关系的根本准则和终极追求。先进生态精神中蕴含着丰富的爱国主义、赤诚为民、科学创新、无私奉献等崇高情怀，表现了广大生态治理奋斗者听党指挥、公而忘私、迎难而上、埋头苦干的美好品质，这无疑将会为全社会生态道德的培育和强化提供宝贵而丰富的精神财富。

第六章

中国特色生态治理模式的现实价值与优化路径

中国是具有超大人口规模和超大领土面积的最大发展中国家，通过具有中国特色的生态治理模式，生态环境更加清洁美丽、生产方式更加绿色集约、生活方式更加低碳环保，毋庸置疑，这本身就是对全球生态治理和可持续发展的巨大贡献。中国特色生态治理模式不仅实现了本国生态环境的持续好转，并且具有为发展中国家提供参考借鉴、助益人与自然和谐共生现代化新形态的世界意义。同时，在进一步推进中国特色生态治理模式过程中需要解决政策执行偏差、城乡治理不平衡等难题，从制度成熟定型、生态意识强化、生态文化培育、促进多边治理等方面入手对模式进行优化。

第一节　中国特色生态治理模式的现实价值

中国特色生态治理模式的现实价值主要体现在两个方面，对内实现了本国生态环境的持续好转，为现代化强国建设提供生态助益；对外方面，为广大发展中国家解决本国生态环境问题提供了可资借鉴的“中国方案”，以具有中国特色的世界观和方法论终结了当代资本主义生态治理实践的普世幻想，开创人与自然和谐共生的现代化新形态。

（一）实现本国生态环境持续好转

新中国成立至今，中国特色生态治理模式历经孕育萌芽、初步发展、快速发展、基本形成四个阶段，正在向更加成熟的阶段发展。伴随着模式的成长和发展，我国生态环境治理工作逐步深入，生态环境状况日益改善。可以说，作为一种解决环境问题以及未来推进生态文明建设的发展架构，中国特色生态治理模式最大的现实价值就在于实现本国生态环境的持续好转。生态环境的持续好转主要得益于生态理念的深入、制度政策的完善、发展方式的变革以及环保投入的增长，而这些正是中国特色生态治理模式规划和设计的重点内容。

生态环境持续好转体现在大气、水体、土壤等众多方面。《2022中国生态环境公报》显示[①]，空气质量方面，全国339个地级及以上城市，213个达标，126个超标，所占比重环比分别为62.8%、37.2%，平均优良天数比例86.5%。$PM_{2.5}$、PM_{10}、O_3、SO_2、NO_2、CO六项污染物浓度均有进一步下降。雾霾锁城成为过去，蓝天白云成为生活“标配”。水体质量方面，各类水质持续改善，稳中向好，全国地表水、河流、湖泊（水库）水质断面监测结果显示，I~III类分别占比87.9%、90.2%、73.8%，环比上升3.0、3.2、0.9个百分。近岸海域优良水质（一、二类）面积比例81.9%，较去年上升0.6个百分点。土壤质量方面，受污染耕地、污染地块安全利用率双双完成预期目标，土壤污染加重趋势得到初步遏制，全国农用地安全利用率保持在90%以上，“洋垃圾”被全面禁止入境。林业生态建设效果显著，2021年全国森林覆盖率达24.02%，森林蓄积量194.93亿立方米，总碳储量114.43亿吨，天然草原鲜草产量稳步提升，实现经济效益和生态效益的稳步提升。此外，全国已建立自然保护区474处、国家级风景名胜区244处、国家地质公园281处、国家海洋公园67处，2022年遴选49处国家公园候选区（包含三江源、大熊猫、东北虎豹、海南热带雨林和武夷山5个正式设立的国家公园），各类公园总面积约140万平方千米。总而言之，在中国特色生态治理模式的推进过程中，生态环境持续好转，群众生态获得感大幅提升。

中国生态环境的治理成效得到了国际社会的广泛认可。芝加哥大学发表报告指出，2013至2017短短4年间，中国治理空气污染取得相当卓越的进步，实现了32%的减排目标。而美国1970年颁布广受好评的《清洁空气法案》，尔后经过12年努力直到1981—1982经济衰退时期才完成同样的任务。[②]英国《自然-可持续发展》论文研究表明，美国航天局（NASA）最近的卫星数据（2000—2017）揭示了中国和印度非常突出的绿化成绩，仅中国就占全球绿叶面积净增加量的25%，中国的绿化来自森林（42%）和农田

① 2022中国生态环境公报[EB/OL]. 中华人民共和国生态环境部，[2023-05-29]. https://www.mee.gov.cn/hjzl/sthjzk/

② Michael Greenstone. Four Years After Declaring War on Pollution, China Is Winning [N]. The New York Times, 2018-03-12.

（32%），而印度的绿化主要来自农田（82%），森林贡献较小（4.4%）。[①]联合国官员更是盛赞中国生态环境改善的速度是“人类历史上最快的”。[②]此外，中国积极履行全球减排义务，不断提高国家自主贡献力度，并且相较于欧美发达国家从碳达峰到碳中和50—70年的周期，中国庄重承诺“3060双碳目标”，力争用30年完成既定目标，充分彰显了减碳的坚强决心和大国的责任担当。

（二）付与发展中国家生态治理可鉴样板

模式是对实践过程和实践方式的反映和表达，其中含有一种被世界广为接受的含义，即对某一种事物或现象进行概括性的描述，大致上等于英文中的 a pattern of behavior or phenomenon（某种有规律的行为或现象）。所以，“中国模式”指的就是对“中国自己一整套做法、经验和思路”的归纳。[③]在此基础上，中国特色生态治理模式可以通俗地理解为中国在生态治理领域做法、经验、思路的归纳和提炼，既然是成功的经验和做法，那么就可以并且值得借鉴和参考。可以说，中国特色生态治理模式的开拓与形成，不仅对本国建设美丽中国具有重大意义，还能为广大发展中国家克服生态环境问题提供有益借鉴。需要强调的是，作为中国特色生态治理模式的创造者，我们并不去强制推广或输出这一模式，并且强调广大发展中国家在学习借鉴中国成功经验时必须和本国具体实际相结合，不能生搬硬套、简单模仿。

中国特色生态治理在长期理论研究和实践探索过程中，概括总结出相关重要经验，能够为广大发展中国家以及同样面临生态难题的国家提供相应启示和参考。其一，将生态治理摆在突出的战略位置。这是生态治理成功的思想前提，只有党和国家深刻认识到生态的重要性，将其置于更加突出的战略位置，才会自觉采取积极行动以应对严峻的生态环境问题。其二，政府与市场互动下的绿色制造。工业是资源消耗和污染排放的主要领域，生态环境问题本质上经济发展方式的问题，因而提高工业生产效率，促进制造业绿色转型是生态治理的重要环节。推行绿色制造必须坚持市场主导和政府引导的原则，企业是制造的主体，要发挥市场在资源配置中的决定性作用，激发企

---

① Chi Chen, Taejin Park, Xuhui Wang et al. China and India lead in greening of the world through land-use management [J]. Nature Sustainabilty,2019(02):122-129.

② 钟声．“中国绿”为地球添生机[N]．人民日报，2019-02-18（03）．

③ 张维为．中国超越：一个“文明型国家”的光荣与梦想[M]．上海：上海人民出版社，2014：97.

业活力和创造力，同时发挥政府作用，加强战略研究和顶层设计，为企业发展创造良好的外部环境。要在政府和市场的互动中，制定产品、工厂、企业的绿色标准体系，改造循环利用、绿色建造以及低碳技术，力求在技术突破的基础上跨越资源能源消耗的增长拐点、降低污染排放强度。其三，确立坚强的生态治理领导核心。多元主体治理是现代治理的趋势和规律，但是在多元主体之中必须确立领导核心，这有利于发挥领导集体的主心骨作用，有利于保障宏观政策的连续贯通，有利于确保集中力量办大事，动员最广大的社会力量，并且集中优势力量攻坚克难、闯滩涉险，去完成诸如退耕还林还草这般浩大复杂的生态工程。其四，综合运用法律、制度、科技、教育等多重方式。生态环境问题的复杂化要求治理手段的多样化，对于不同领域、不同人群、不同类型的生态环境问题，不同方式的作用效果不尽相同，要在综合运用的前提下优化策略选择，多管齐下，相互配合，才能收获更优的治理效果，这既是中国生态治理的生动实践也是值得学习的宝贵经验。

（三）助益人与自然和谐共生现代化新形态

现代化大抵滥觞于工业革命，工业革命通过机械化大生产极大提高了社会生产力，强化了资产阶级的经济基础和政治力量，由此确立了资产阶级在全球范围内的统治地位。同时，工业革命引发了城市化浪潮，工厂取代作坊，农民变成工人，城市人口快速增加，人们的生活方式和思想观念也发生了巨大变化，现代化序幕由此拉开。

建立在资本主义经济基础之上的现代化是人与自然异化的现代化。所谓异化，从哲学角度来说，主要指主体自我外化为客体，从而演变成为与自己相对立的异己存在物。在黑格尔和费尔巴哈的基础上，马克思洞悉了私有财产下劳动的本质属性，创造性地提出异化劳动的概念，以四重规定对异化劳动进行了详细阐述，揭示了异化状态由“物的异化”到“人的自我异化”再到“社会的全面异化”不断蔓延滋长的根源是私有财产，并以此为中枢展开了系统的政治经济学批判。仔细解读马克思的异化劳动概念，不难发现，其中蕴藏着鲜明的人与自然异化观点。一方面，异化劳动是人与自然异化的逻辑前提和时间先在。在资本主义雇佣劳动下，“工人越是通过自己的劳动占有外部世界、感性自然界，他就越是在两个方面失去生活资料”，越是“成为自己对象的奴隶”①。作为对象性活动，现实的生产劳动以自然为作用对

① 马克思恩格斯选集：第一卷[M]. 北京：人民出版社，2012：52.

象和物质基础，自然为劳动的存续提供了生产和生活的双重资料保障。劳动是劳动者作用于自然的实践，劳动者正是在异化劳动的过程中将自然视为工具性存在，继而引发人与自然的异化。另一方面，异化劳动进一步强化了人与自然的异化。在资本主义雇佣劳动中，劳动者与劳动产品、劳动行为的异化使得劳动丧失了确证人的本质的功能，而仅仅成为“维持生存的手段”，人也就无法在“改造对象世界”的过程中“证明自己是类存在物”。一旦与自身类本质相脱离或对立，将不可避免地导致人与人的异化，因为“当人同自身相对立的时候，他也同他人相对立”。在此基础上，当劳动者的劳动无法自属时，他的劳动及其本质将会被一个异己存在物占据和支配，马克思认为，这个存在物就是资本家。资本家在占有劳动时完全服从资本的效用原则和增殖原则，最大化地攫取剩余价值，客观上推动了经济社会向现代化发展，而丝毫不顾自然的生态原则，这就势必只能带来人与自然异化的现代化。

人与自然和谐共生的现代化，是对西方发达资本主义国家传统现代化的扬弃和超越。按照十九大的部署，我国将在21世纪中叶建设成为社会主义现代化强国，从全面建成小康社会，到基本实现现代化，再到社会主义现代化强国，美丽中国是重要增加条件，人与自然和谐共生是内在要求。然而事实上，我们在向现代化进军的过程中不可避免地遭遇了生态环境问题，这也成为通往现代化强国之路的短板和阻碍。因此换言之，要想建成社会主义现代化强国，就必须突出美丽中国建设，就必须积极推动生态治理的全面展开和纵深发展。从人与自然异化的现代化到人与自然和谐共生的现代化，不仅是现代化输出结果的改变，更是现代化建设方式的根本转变，这一根本转变离不开生态治理的积极融入。中国特色生态治理模式内含和倡导绿色生活方式，要求变革人的思维方式，有利于人的全面自由发展，更为重要的是，中国特色生态治理模式坚定“绿水青山就是金山银山”的绿色发展理念，通过深刻变革发展方式来敛合经济发展的“质”和“量”，实现经济效益和生态效益的有机结合和双重增长，是开创人与自然和谐共生现代化新形态的应有之义和强力助益。

第二节 深入推进中国特色生态治理模式的潜在挑战

中国特色生态治理模式已经基本形成，立足新的历史阶段，在进一步推进落实中国特色生态治理模式的过程中，要着力解决治理政策执行的现实偏差问题、城乡生态治理的不平衡问题以及来自全球生态治理的外部压力，克服这些问题的过程，也是中国特色生态治理模式更加成熟完善的过程。

（一）治理政策执行的现实偏差

一分部署，九分落实。制度政策的生命力在于落实执行，即使理论上设计得再好，如果不能有效传达到基层或者在落实执行时“走样变形”“加码打折”，那么制度政策也就无法发挥真正的效用。生态治理也是如此，由于理论设计与具体实践、顶层设计与基层执行之间往往不是完全匹配和贯通的，实际操作过程中往往会出现理论设计之外的情况，因而在生态治理过程中会产生政策执行落实的偏差问题。例如轰动一时的内蒙古呼伦贝尔“毁粮造林”事件。出于温饱和粮食安全考虑，20世纪80年代末90年代初，政府主导在山地平原过渡带草原区、林草接合部进行开垦，但是随着开垦量剧增，已垦草原后来分为乡镇管理土地、林业职工工资田、金融机构抵押土地等几种类型，经营主体多元化，情况也随之复杂化。在退耕还林还草工程开始后，为响应国家号召、完成巡视整改任务，旗委、旗政府决心将已垦林草地全部退耕，但是由于历史遗留原因，部分已垦林草地始终未入册管理，因而也无法享受惠农政策及补贴。[①]种植户在未领到退耕补贴情况下，并不同意退耕，进行抢种抢收的掠夺性经营，而政府则试图以封路禁运、禁止作物交易等简单方式来强行退耕，进而导致退耕矛盾不断激化，不但非法种植现象没有根除，反而演变出“毁粮造林”的闹剧。

不仅是退耕还林还草工程，在生态治理的诸多环节和领域，都或多或少存在制度政策在实际落实执行过程中的偏差问题。在《“十三五”生态环境保护规划的通知》印发之后，迫于环保督察“回头看”以及问责制度的压力，部分地方政府或出于规避风险考虑，或对政策把握不准，在实际操作中擅自加码、简单执行，导致禁养之风、拆迁之风、关停之风在地方盛行，许多行业或领域出现“一律关停”的粗暴行为、“先停再说”的敷衍行为，更有甚者，根据自身需求“修正”文件精神，大搞“人情化”执法，假借生态治理名义开展违法行为。不管是“一刀切”的粗暴执法，还是“人情化”的弹性执法，都是生态治理过程中不应出现的错误行为，这不仅严重扰乱人民群众正常的生产生活，而且将极大消解群众对国家政策的信任和支持，无疑将成为阻滞生态治理向纵深推进的新障碍。

---

① 邹俭朴，徐壮，叶紫嫣，等．“毁粮造林”背后矛盾难解 呼伦贝尔退耕拉锯战[J]．半月谈，2021（5）：30—33．

（二）城乡生态环境治理不平衡

城乡发展不平衡是我国社会发展的总体性特征，存在于经济发展、医疗卫生、基础教育等多个领域，生态环境领域也不例外。当前，我国乡村生态环境面临严峻的形势，农业生产过程中大量使用的农药、化肥，畜禽养殖过程中动物粪便、病死畜禽、剩余饲料等的无害化处理不到位，从城市转移到乡村的污染型企业等等，这些都给乡村生态环境带来了严重的污染，为乡村经济社会的可持续发展埋了下生态隐患。2017年，我国村庄建设投入资金为9167.64亿，其中，排水与卫生环境投资、垃圾与污水处理投资分别为599.67亿、279.80亿，占投入总额的6.54%、3.05%。[①]2022年，受新冠疫情等因素影响，全国村庄建设投入较之上年有所下降，合计8849.4217亿，其中污水处理、垃圾处理、园林绿化各投入329.2072亿、183.6387亿、1650.024亿[②]，分别占比约为3.72%、2.08%、1.86%，同比略有上升。受制于治理资金投入不足以及配套政策不到位等原因，乡村生态治理的基础设施相对薄弱，乡村在消纳日常垃圾、应对环境污染以及防范生态安全隐患的综合能力上有待提升。《中国城乡建设统计年鉴2022》显示，全国对生活污水进行处理的乡共计3636个，占比45.68%。横向对比来看，如表6-1，在污水处理厂数量和处理能力、环卫专业车辆和公厕数量、绿地面积和公园绿地面积以及生态垃圾无害化处理率等方面，城市和乡村都存在较大差距，可以说，城乡生态环境治理呈现明显不平衡。此外，公民生态环境行为调查报告（2019年）显示，在“关注生态环境信息”“不燃放烟花爆竹等以减少污染产生”等方面，城乡行为差异明显，这表明，在社会公众的生态认知或生态践行方面也存在一定程度的城乡不平衡。

表6-1　中国城乡生态治理部分指标对比（2022）

对比指标		城市	乡村[①]
污水处理厂	座数（座）	2894	2456
	处理能力（万立方米/日）	21606	146.08
园林绿化	绿地面积（公顷）	3586020	49561.45
	公园绿地面积（公顷）	868508	3727.91

① 于法稳．“十四五”时期农村生态环境治理：困境与对策[J]．中国特色社会主义研究，2021（1）：44—51．

② 中华人民共和国住房和城乡建设部．中国城乡建设统计年鉴2022[Z]．北京：中国统计出版社，2023：190—191.

表6-1　　续表

对比指标		城市	乡村[①]
环境卫生	环卫专用车辆（辆）	341628	27005
	公厕数量（座）	193654	35619
污水处理率（%）		98.11	28.29
生活垃圾无害化处理率（%）		99.98	62.30

注：表格数据根据最新统计《中国城乡建设统计年鉴2022》整理计算得出。①根据年鉴编制说明，这里数据统计了全国8229个乡（含民族乡、苏木、民族苏木）。

中国要美，农村必须美。实现美丽中国梦，美丽乡村和美丽城市缺一不可，为此，党和国家高度重视农村生态环境问题，在乡村振兴战略的大背景下，坚持城乡环境治理体系统一的生态文明体制改革原则，开展农村环境整治专项行动，以垃圾处理、河道整治、厕所改造、村容村貌提升为重点，决意给农民打造清洁美丽的居住环境。但是，我们也要清醒地认识到，城乡生态环境治理不平衡问题由来已久，并且涉及甚广，在新的发展阶段，乡村生态环境治理依旧面临严峻考验，依旧是全面推进乡村振兴、现代化强国建设的薄弱环节。因此，在进一步推进和完善中国特色生态治理模式的过程中，必须更加重视乡村生态环境整治，努力破除城乡生态治理不平衡，变短板为“潜力板”，走优势互补的城乡融合发展之路。

（三）全球生态治理的外部压力

积极参与全球生态治理，贡献中国力量，是中国特色生态治理的应有之义。当前，全球新冠病毒仍在变异、大国博弈暗流涌动、全球经济增长乏力，凡此种种，增加了全球生态治理的不确定性和不稳定性，也给中国深度参与全球生态治理、进一步完善中国特色生态治理模式带来了外部压力。可以从两个角度进行深入剖析：一方面，中国始终是全球生态治理的参与者、贡献者、引领者，这源于长远深邃的世界眼光、深厚宽广的人类情怀以及恢宏大气的责任担当，但是反观以美国、日本为代表的发达资本主义国家，则更多表现出消极应对和责任推卸，更有甚者，少数国家针对中国大打“环保牌”，企图以此牵制中国发展，这无形中增加了作为引领者的中国的责任与压力。同时，中国积极推动全球生态治理体系变革，以期创新和发展现有的治理体系和治理规则，这无疑是艰巨的，需要中国权衡好角色与能力、本国生态治理与全球生态治理之间的关系。另一方面，后疫情时代，全球生态治理的风险和隐患增加。目前，世界卫生组织虽然已经宣布新冠疫情不再构成“国际关注的突发公共卫生事件”，但新冠病毒逐步流感化，并且仍在不断变异中，与人类长期共存几乎已成定局。如何与不断变异的病毒“和谐共生”并且有效阻断新的风险将成为接下来人类需要长期思考的问题。此外，抗击新冠疫情产生了大量的医疗废弃物和垃圾，如果不能进行无害化处理和消除，有可能会造成新的污染和风险。在疫情结束之后，世界经济亟待复苏，各国将会采取何种形式刺激、恢复本国经济发展，这不得而知；会不会产生为了在短期内快速发展经济而无视碳排放，甚至是牺牲环境的行为，这也不得而知，若是如此，全球生态治理和绿色发展将经受重大考验。

第三节　基于优化中国特色生态治理模式的路径选择

优化中国特色生态治理模式既是模式本身发展的内在规定，也是中国特色生态治理实践向纵深推进的现实要求，可以从制度定型、强化生态意识、繁荣生态文化、促进多边治理四个方面切入，努力做到以更加成熟定型的制度体系补齐治理短板、以更加牢固的生态意识引导主体生态自觉、以更加繁荣的生态文化营造良好社会风尚以及以更加开放共赢的姿态促进生态多边治理。

（一）以更加成熟定型的制度体系补齐治理短板

世界现代化进程表明，小治治事、中治治人、大治治制。[①]从规制社会行为，到引领法治理念，制度建设在促进国家治理走向善治过程中发挥着不可替代的基础作用。新中国成立以前，党和国家就已经对制度建设进行了有益构思和积极探索，伴随着新中国的诞生，社会主义各项制度如雨后春笋般争相建立，民族区域自治、基层群众自治、以公有制为主体，多种所有制共同发展等基本制度在实践中不断发展完善，为社会主义事业的蓬勃发展提供了坚实的制度支撑。实际上，制度的发展完善过程就是制度的成熟定型过程，1992年南方谈话时，邓小平曾就制定成熟定型问题指出：“恐怕再有三十年的时间，我们才会在各方面形成一整套更加成熟、更加定型的制度。在这个制度下的方针、政策，也将更加定型化。”[②]这些话是为了鼓励大胆改革而讲，但是也从层面反映出制度的成熟定型是一个艰辛的、漫长的

① 包心鉴．制度的定型与优化：当代中国改革的内在逻辑[J]．科学社会主义，2018（5）：9—15．

② 邓小平文选：第三卷[M]．北京：人民出版社，1993：372．

过程，是党和国家需要花大力气、下真功夫才能真正达成的宏远目标。胡锦涛在党的十八大报告中强调，构建系统完备、科学规范、运行有效的制度体系，使各方面制度更加成熟更加定型。[①]党的十九届四中全会为推进制度更加成熟定型规划了明确时间表和路线图。可以说，推动制度成熟定型是全面建成社会主义现代化强国的内在要求和有力保障，是党治国理政的重大时代任务。

加强制度体系建设是推进生态治理的不二选择，在取得显著成效的同时，要清醒地认识到仍然存在的治理短板。只有不断完善健全制度设计，形成更加成熟定型的制度体系，才能弥合治理漏洞、补齐治理短板。具体来说，一是补齐制度执行短板。生态治理的基本制度已经建立，但是在制度执行过程中时常发生简单化、机械化的做法，从而导致制度实施适得其反，暴露出制度执行的短板，这就要求对制度进行细化并加强配套措施建设，同时加强制度执行队伍的整体建设。二是补齐农村环境治理短板。这就要求进一步完善治理制度，加大对农村环境整治的资金投入，同时健全城乡生态融合治理的体制机制，走城乡优势互补的协调治理之路。三是补齐绿色生产方式短板。毋庸置疑，生态环境问题本质上是生产方式问题，目前我国绿色化的生产方式还未完全形成，产业结构和能源结构有待进一步优化。这就要求加强绿色金融、碳汇交易、清洁生产等方面的制度建设，促进生产方式的全面绿色转型。四是补齐防范突发环境事件的短板。当前，环境事件仍然时有发生，要想从根本上有效规避环境事件或生态隐患还有很长的路要走，这就要求强化环境污染监测预警、环境突发事件应急管理等制度的建设，以此提高防范生态风险以及应急管理能力。

（二）以更加牢固的生态意识引导主体生态自觉

“生态伦理之父”奥尔多·利奥波德（Aldo Leopold）曾指出：“没有生态意识，私利以外的义务就是一种空话。所以，我们面对的问题是，把社会意识的尺度从人类扩大到大地（自然界）。”在这里，利奥波德虽然没有正面直接对生态意识进行定义，但是阐明了生态意识核心内涵的两个方面：其一，生态意识属于社会意识，是人类社会的高级情感形式。生态意识是人脑特有的机能，是人在与自然的实践交往中形成的认知、理论、情感等的综

① 中共中央文献研究室．十八大以来重要文献选编：上[M]．北京：中央文献出版社，2014：14．

合，这是动物对自然的本能性反应所无法企及的。其二，生态意识强调肯定自然的伦理地位和价值。利奥波德主张将社会意识延展到自然领域，这一主张的前提是将自然视为与人具有同等伦理地位和价值的主体，这样才能用人与人之间的伦理尺度去协调和处理人与自然的关系。作为主观意识的组成部分，从生成机制来看，生态意识不可能自发或自动产生并存在于人脑，而是人脑在接受某种反复刺激后逐渐形成的，它或源于对违反生态规律带来严重后果的反思，或源于对现存生态危机的觉醒，或源于对未来发展的关注及对后代的责任感，又或是源自对地球生态系统的整体性认知。[①]除此之外，由于生态意识与以往人类中心主义或者人是万物尺度等传统价值取向具有巨大差异，其生成和发展需要突破旧有观念和习性的束缚，因而需要借助外力来加快生态意识的培育和增强，生态教育对生态意识的生成和强化具有重要作用。

从生态治理的角度来说，生态意识是指形成于人与自然实践互动过程，对解决生态环境问题具有能动作用的理论认知、思维方式以及价值取向等的总和，其核心内涵和终极目标是实现人与自然和谐共生的美好状态。生态意识对生态治理的能动作用主要从认识和实践两个角度展开，就认识而言，生态意识内蕴人与自然的和谐亲密，指向人类活动的合规律性和合生态性，能够帮助人们更加真实、更加全面地认识自然的实然状态和应然状态。就实践而言，生态意识通过价值判断和价值预测实现对人类行为的限制和调节，从而有利于生态环境问题的有效解决。可以说，生态意识是衡量一个国家或社会生态治理水平，更进一步讲是生态文明程度的重要衡量指标。如果一个社会的所属成员，思想家、科学家、政治家、企业家以及广大群众都普遍具有生态意识，并且能自觉融入各自所从事的实践活动中，推动和引导社会各方面的生态化趋向，那么生态治理将会水到渠成，生态环境问题将会迎刃而解，进而整个社会的生态文明程度自然也会随之提高。

但现实情况是，目前我国公众的生态意识虽然有较大提升，但是仍然没有达到能够有效克服当前生态环境问题的层次，在许多生态环境问题上呈现“高认知度、低践行度”的特点，垃圾分类的艰难推行和收效甚微就是例证，刨除制度执行不够有力、相关配套不够到位等外在因素，公众生态意识薄弱是重要的内在原因。因此，在推进中国特色生态治理模式的过程中，应

---

① 余谋昌．生态意识及其主要特点[J]．生态学杂志，1991（4）：68—71．

当把生态意识的生成培养、强化提升作为重要依托，通过制度约束、教育启发、文化熏陶等形式不断提升公众生态意识，实现生态意识作用下的生态自觉以及知行合一。

（三）以更加繁荣的生态文化营造良好社会风尚

文化作为一种深沉、持久的力量，是民族和社会发展的灵魂和血脉，发挥着滋养精神、形塑气质、教化素质的独特作用。文化的丰富性、复杂性使其很难被准确定义，通常来说，人类在社会实践基础上的精神活动及其产物，可以称之为文化。在此基础上，根据汉语语法的偏正结构，生态文化实际上由“生态”和“文化”两个词构成，文化是中心语，生态则是修饰语，所以生态文化本质上也是文化，是生态领域的文化，或者是围绕生态而形成的文化。因此，我们可以将生态文化理解为人类在长期实践中，在认知和处理人与自然关系中形成的精神活动及其全部产物的总和。从内部结构来看，生态文化由物质、制度和精神三个圈层构成，其中，生态物质文化是基础，是依据人与自然和谐共生理念创造的人工物，如生态文化主题公园、生态文化景观等；生态制度文化是核心，是介于物质文化和精神文化之间的存在，指通过理性思考和系统建构而成的关于生态环境问题的管理结构，如环境保护立法、生态治理决策、生态执法监督等体制机制；生态精神文化是灵魂，包括人们就生态环境问题进行的抽象思维活动及其产物，如生态意识、生态价值观、生态文明观等。总而言之，生态文化作为一种凝心共筑绿色中国梦的磅礴力量，能够在全社会营造保护生态、与自然和谐共生的良好风尚，在生态治理中发挥着无可替代的作用。

生态文化繁荣共享是推进生态治理的重要根基。2018年5月18日，全国生态环境保护大会召开，会议提出加快构建以生态文明体系为首的生态文明体系，足见生态文化在整个体系中的深刻作用。毛泽东在《新民主主义论》中从历史唯物主义的立场出发，简明扼要地论述了文化与政治、经济的相互关系，他指出：“一定的文化（当作观念形式的文化）是一定社会的政治和经济的反映。又给予伟大影响和作用于一定社会的政治和经济。”[①]由此观之，生态文化的繁荣兴盛充分反映出人民群众在政治、经济领域的生态需求，而生态文化同时也能反作用于经济、政治领域，使其朝着生态治理要求的方向发展，这也是生态价值理念融入经济、政治、社会等领域得以可能并

① 毛泽东选集：第二卷[M]．北京：人民出版社，1991：663．

成功的重要理论依据和哲学基础。要想发挥生态文化的积极作用，一方面，要丰富繁荣生态文化，通过创造更多喜闻乐见、寓教于乐的生态文化作品，通过规划修建内含生态主题的主题公园或文化景观，通过生态文化融入国民教育体系和培训体系，使人们在日常学习生活、休闲旅游中感受生态文化的魅力。另一方面，要增强生态文化的共享性。生态文化不是束之高阁的纸上文化，也不是阳春白雪的高深理论，而是由群众共创共享的大众文化，深深镌刻在群众的脑中心中、为群众日用而不觉才是生态文化的最好归宿。总之，只有以更加繁荣兴盛的生态文化去营造良好氛围、引领良好风尚，才能真正发挥生态文化浸润、滋养、教化的作用，为生态治理供给源源不断的精神力量和智慧源泉。

（四）以更加开放共赢的姿态促进生态多边治理

维护和践行多边主义是全球生态治理的基本原则和破局之策。多边主义是相对于单边主义、双边主义而言的，寓意三个及以上的国家互相联系的方式。多边主义内蕴平等、互利、开放的原则，所谓平等，不论大小、贫富、强弱，国家无差别地享有话语权，都是多边主义的参与者，可以通过充分协商以达成共识；所谓互利，就某一共同问题进行协商时，多边主义要实现的是互利共赢，而不能是单赢，甚至是一方受损一方受益；所谓开放，多边主义在成员国资格、议题范围和制度规则方面是开放兼容的，[①]成员开放性、议题多元化、规则协调性是多边主义区别于政治集团、意识形态联盟等伪多边主义的重要特征。在全球生态治理问题上，我们应当认识到，“多边主义不仅是一种选择，更是一种需要。”这是因为，面对气候变化、生物多样性丧失、新冠疫情这样的全球性挑战，没有任何一个国家可以独善其身，没有任何一个国家可以独自应对，更没有任何一个国家或组织可以拥有像联合国那样的号召力、影响力以及广泛性、合法性。换言之，全球生态治理需要多边主义，除了维护联合国权威、维护多边主义，我们别无他选。

纵观国际现实，支撑全球治理的多边主义深陷困境，单边主义、保护主义沉渣泛起，诸如“印太四国联盟”“供应链弹性倡议”“民主十国”等假借多边之名而行单边之实的伪多边主义层出不穷、大行其道，严重动摇了多边主义的根基、扰乱了全球治理的合理秩序，这对原本就举步维艰的生态多边治理无疑是雪上加霜。对此，中国的态度非常明确，“有选择的多边主

---

① 吴文成．全球治理需要真正的多边主义[N]．光明日报，2021-06-07（12）．

义”不是我们的选择，真正的多边主义才是中国应对全球性环境问题、推动全球生态治理变革的基本原则，也是中国特色生态治理模式的应有之义。目前，中国已批准加入30多项生态相关的多边公约或议定书，或积极参与、自主贡献，或积极倡导、促成缔约，秉持多边主义的核心要义，为解决全球性环境问题贡献巨大力量。为了消弭“小圈子的多边主义”“有选择的多边主义”等伪多边主义的消极影响，中国需要以更加开放共赢的姿态去融入或促成生态治理的多边框架公约，以自身行动力、影响力去倡导厉行以《联合国宪章》为核心的国际法，倡导共治共赢的全球生态环境问题解决之道。

结　语

中国特色生态治理模式的研究指向

针对中国特色生态治理模式，本研究主要得出以下几点重要结论，一是中国特色生态治理模式目前主要经历了孕育萌生、初步发展、快速发展、基本形成四个阶段，习近平生态文明思想的确立是其基本形成的标志。二是中国特色生态治理模式的基本理念是价值、规律和情景三个要素的综合集成，主体、客体、目标、制度、机制则是其基本结构。三是中国特色生态治理与发达资本主义国家生态治理是形似质异的两种模式。四是中国特色生态治理模式呈现理念、制度、文化三重优势，在本国生态环境的持续好转、发展中国家生态治理的参考借鉴以及人与自然和谐共生的现代化建设等方面都具有重要价值。在此基础上，本研究认为生态意识培育、生态话语建构等是需要进一步加强研究的重要问题。

一、立足现实以把握深刻内涵

经过总结归纳和论证分析，本研究主要得出以下重要结论，这也是中国特色生态治理模式的理论内涵，是深刻把握这一模式的重要切入点。

第一，中国特色生态治理模式的生成是一个渐进的过程。目前主要经历了孕育萌芽、初步发展、快速发展、基本形成四个阶段，以习近平生态文明思想的确立为标志，这一模式基本形成，并在此基础上向更加成熟完善的阶段发展。这里需要指出的是，模式的生成发展是连续的、贯通的过程，并不存在明确的时间节点来进行阶段划分，只能根据整体发展趋势和各个时间段的特点，大致将中国特色生态治理模式划分为孕育萌芽阶段（1949—1978）、初步发展阶段（1978—1992）、快速发展阶段（1992—2012）、基本形成阶段（2012至今）等四个阶段。党的十八大以来，生态治理的模式化特点越发明显，也越来越凸显出中国的制度优势。习近平生态文明思想内涵深邃的历史站位、深厚的人民情怀、科学的治理理念、系统的治理制度等，是新时代我国生态治理成果的集中体现，引领生态治理迈上新的高度，并取得历史性成就。因此认为，以习近平生态文明思想的确立为标志，中国特色生态治理模式基本形成，并在此基础上向更加成熟和更加完善的阶段发展。

第二，中国特色生态治理模式的基本理念是价值取向、规律遵循和现实情境的综合集成，其基本结构是包含治理主体、治理客体、治理目标、治理制度、治理机制的有机整体。理念是行动的先导，理念之于模式，犹如大脑之于人体，它影响着模式为何产生、如何作用等基础性规定，对模式具有重要的指引和向导作用。价值、规律和情景三个要素的综合集成构成了中国特色态治理模式的基本理念，其中，规律要素体现了理念的可能性，价值要素体现了理念的必要性，但是“可能性+必要性≠可行性”，理念的可行性及其程度取决于模式运行的各种相关条件，即情境要素。任何模式理念的塑造或构建都必须立足于具体现实，超越了特定的条件，规律无法发挥作用，价值追求将变成水中捞月。中国特色生态治理模式的基本结构由五个方面组成，即党中央集中统一领导下的多元治理主体、以社会关系为本质指向的治理客体、“人民—社会—国家”三位一体的治理目标、系统完整的治理制度以及多维协同的治理机制。

第三，中国特色生态治理与发达资本主义国家生态治理是形似质异的两种模式类型。二者虽然表面具有相似的治理手段，但背后的治理逻辑和制度依托却存在巨大差异。从表面来看，无论是中国还是发达资本主义，所采取的生态治理措施大同小异，如加强立法执法、推动技术创新以减少能源消耗和污染排放、强化宣传教育以培育生态意识、进行产业结构优化等等，客观来说，中国在某些方面是向发达资本主义学习取经的。但是，二者在现象背后的治理逻辑和制度依托却是截然不同的，发达资本主义国家的生态治理建立在资本主义私有制之上，遵循“资本至上”的内在逻辑，这也导致了其生态治理不可避免地遭遇困境，包括资本技术联姻下的治理悖论、政治利益导向下的政策断裂、本国利益优先下的责任赤字、社会与政府的角色功能倒置等。中国特色生态治理以中国特色社会主义经济、政治、法律制度为基础，遵循“人民至上”的内在逻辑，这不仅使生态治理发挥出了独特制度优势，更为生态治理灌注了源源不断的人民性力量和智慧。

第四，中国特色生态治理模式具有理念、制度、文化三重优势，具有深刻的现实价值。一方面，中国特色生态治理模式具有“人民至上”的根本理念优势，“人民至上”理念确保生态治理始终以人民群众的根本利益为出发点和落脚点，生态治理也自然会得到人民群众的坚决拥护和自觉投入。制度优势主要体现在以社会主义公有制为基础的经济制度优势、以中国共产党为领导的政治制度优势以及以人民意志为依归的法律制度优势。文化优势体现在赓续传承的传统生态智慧、催人奋进的先进生态精神、与时俱进的科学生态理论三个方面，其中，传统文化中的生态智慧既是中国特生态治理模式的理论源流，也是其独特的文化优势，因为放眼世界，唯有中国拥有源远流长而又饱含丰富生态智慧的传统文化。另一方面，模式既是理论问题，也带有明显的实践活动特点，模式还是个性与共性的统一。中国特色生态治理模式不仅实现本国生态环境的持续好转，为同样面临生态环境问题的广大发展中国家提供可资借鉴的中国经验与智慧。更重要的是，中国特色生态治理模式与人与自然和谐共生的现代化具有内在紧密联系，生产方式绿色转型、满足人民生态环境需求既是人与自然和谐共生的本质规定，也是现代化的新内涵、新要求。因此可以说，中国特色生态治理模式是开创人与自然和谐共生的现代化新形态的强力助益。

二、立足已有以寻求突破创新

学术研究就是在特定主题下基于前人成果努力向前拓展创新的过程，即便是微小的突破都足以鼓舞人心。本书在已有研究基础上进一步发散，在以下方面尝试作出理论创新，力求为后续拓展研究提供有益线索。

第一，从治理模式的新视角对中国特色生态治理进行系统凝练。之所以选择治理模式作为切入视角，是因为模式和生态治理本就存在内在契合。生态治理是一项复杂的社会系统工程，需要在顶层设计和基层创新的相互配合中、在理论发展和实践探索的相互促进中去不断总结成功经验并付诸实践，而模式是从针对特定问题的实践经验中抽象概括出来的系统体系，是理论与实践的中介环节，兼具理论与实践的特点。从中国生态治理的实际来看，也确实呈现出在实践中不断总结发展并形成具有自身特色制度体系的趋势，如治理主体问题上，在新中国成立之初，党和国家就已经发出植树绿化的号召，并启动大规模的造林工程，可以说，彼时的治理主体主要是党和国家，随后逐渐将企业与社会组织纳入其中，在落实企业主体责任时，国有企业则又是当仁不让的排头兵，最终形成党领导下的政府、企业、社会组织和公众共同参与的多元治理主体，并以制度的形式将其规范化。所以总的来说，从治理模式视角对中国特色生态治理进行总结提炼，并非单纯或刻意强调创新，而是论述角度与方式的合理选择，通过治理模式所内含的理念、目标、主体、客体、制度、机制等多维构成要素，对普遍性生态环境问题与具有中国特色的特殊性解决方案作辩证统一的阐释，在理论与实践的统一中阐扬中国生态治理模式的优势和价值。

第二，在横向对比中剖析了发达资本主义国家生态治理的四重现实困境。主要包括资本技术联姻下的治理悖论、政治利益导向下的政策断裂、本国利益优先下的责任赤字、社会与政府的角色功能倒置。具体来说，首先，资本技术联姻下的治理悖论。技术本是提高生产效率、减少资源消耗和污染排放进而缓解生态环境问题的有力武器，但“杰文斯悖论”，即技术进步非但没有减少反而增加了整体上的资源消耗，给生态环境问题的技术解决方案蒙上厚厚的阴霾。本研究以为，在资本主义制度体系下，当技术与资本融合，资本以令人窒息的态势裹挟技术使其丧失中立价值地位，而沦为其增殖和扩张道路上的有力工具，这是治理悖论产生的症结所在。其次，政治利益导向下的政策断裂。多党轮流执政是资本主义国家重要的政治制度，这一制度容易导致政策制定掣肘于选票等党派政治利益。例如美国政坛历史上，乔治·布什对“环保总统”克林顿政策的重大变更，特朗普对奥巴马任期内气候政策的大量“清算”，都无疑是最好的例证，要知道，变更、“清算”引发的政策断裂对需要久久为功的生态治理是百害而无利的。再次，本国利益优先下的责任赤字。部分发达资本主义国家不仅忽视污染转移、危机转嫁的历史，而且以本国利益优先为由在当前全球环境问题上表现出不负责任的态度，如美国、加拿大等退出全球性气候变化框架公约，日本向太平洋排放核污染废水，这些都充分揭示了其将人类公共利益置若罔闻的自私本质。最后，社会与政府的角色功能倒置。环保社会组织的成熟发展和高度活跃是发达资本主义国家生态治理的显著特征，这其实从侧面反映出政府治理的消极作为。从生态治理的长期性、艰巨性、系统性来看，理想的模式应该是政府主导下的社会各界力量共同参与，而不是强社会弱政府的倒置格局。

第三，运用资本双重逻辑阐释中国特色生态治理模式的经济制度优势。资本逻辑不是单一的，它在特定社会生产关系中运演时表现出双重逻辑，即运动逻辑和运作逻辑。运动逻辑是资本作为经济现象按自身规律进行运动的逻辑，集中表现为无限增殖和扩张的逻辑，运作逻辑是资本按照资本所有者的意志进行运作的逻辑，与资本所处的社会生产关系密切相关。生态治理绕不开资本问题，既要利用资本发展奠定生态治理的物质基础，又要规避资本发展对生态造成的负面影响。在不同的社会生产关系下，资本双重逻辑作用方式不同，其产生的生态结果也截然不同。在资本主义社会，运动逻辑驱动下的增值和扩张意味着资本家获取更多剩余价值，同时，资本所有者在运作资本时为了攫取更多利润则会极力为资本扫清障碍和创造条件，甚至不惜以资源和环境为代价，将自然当作资本增值和扩张的工具性存在。由此，资本的运动逻辑和运作逻辑同时同向同性发生作用，资本最终呈现反生态的外部走向。在社会主义条件下，资本运动逻辑仍然以增值为目的，但运作逻辑要体现以人民为中心的根本要求，要满足人民日益增长的美好生活需要，与资本运动逻辑同时反向异性发力，最终在二者良性互动的基础上实现资本合生态的外部走向。此时，资本运作逻辑占据资本运行的制高点，成为牵引运动逻辑、降低资本增殖之生态成本的重要力量，在有效防止资本无序扩张的基础上，将进一步引导资本向投资大、周期长、回报低的生态领域流动，奠定生态治理的坚实物质基础，促进绿色金融蓬勃发展。由此，生态逻辑在社会发展过程中成为凌驾于资本逻辑之上的存在。

三、立足理论以讲好中国故事

在探索中不断总结成功经验，又在成功基础上开启新的拓展，中国特色生态治理正是在理论与实践的良性互动中，历经几十年发展，形成了独具特色的治理模式，并且取得了卓越的成绩。但是，生态治理没有终点，只有新的起点，理论研究也是如此，对中国特色生态治理模式的研究不会仅限于此，在新的生态实践中，我们会取得更多突出的成绩，会获得更加丰富的经验，当然也会遇到更多严峻的问题或难以预测的潜在风险。为此，我们要继续加强和深化对中国特色生态治理模式的思考和研究，去构建更加丰富的制度体系，去完善更加多维的治理机制，去培育更加深刻的生态意识。生态意识是潜藏于人脑中反映人与自然和谐共生的感觉、思维以及各种心理活动的总和，对个人而言，生态意识是人脑特有的机能，对人类而言，它是现代文明的重要标志。意识虽然形成于实践之中，但是反过来对实践具有巨大的反作用，一定程度上来看，有什么样的意识就会导出什么样的行为，生态意识的普遍缺乏是现代社会生态环境问题爆发的深层原因。可以试想，当全体社会成员都普遍具有较高的生态意识，当节约资源和保护环境成为每个人的自觉行为，当全社会形成生态环境保护的良好风尚时，人与自然和谐共生的理想状态将指日可待。而现实是，培育生态意识远比规范人的行为更加困难，需要不断地通过实践感悟、教育感化等慢慢积累，无法在短时间内达到立竿见影的效果，这也成为中国特色生态治理在今后相当长时间内所要关注和属意的重要问题。

在过去一段时间内，囿于立场、利益的差异，许多西方学者对中国社会经济发展的解读和阐释缺乏客观公允的态度，往往带有明显的意识形态色彩，或曲解抹黑，或借此大肆宣扬在实言论，这一定程度上导致了国内学术界研究中国模式相关话题的谨慎态度，对许多重要话题三缄其口。长此以往，话语旁落，呈现“西强我弱”的格局。话语权是国家软实力的重要组成部分，如果任由“西强我弱”格局的加深将会产生严重的后果，生态文明相关研究也是如此。实事求是地讲，虽然现阶段发达资本主义国家的生态环境要优于我国，但是中国在生态治理领域的内在逻辑、巨大进步和光辉前景足以成为我们自信的资本。现实情况却不是如此，“崇洋”“崇美”的思想仍然大有市场，在谈及中西生态环境问题时，认识误区依旧存在，自信缺失时有发生，“杨舒平事件”便是最好的例证。深入思考可以发现，其中的关键在于，我们虽然做得好，却没有阐述好、传播好。习近平总书记强调：“我们有本事做好中国的事情，还没有本事讲好中国的故事？我们应该有这个信心！”[①]讲好中国生态故事，提升生态自信，必须要构建历史的、彻底的、全面的、对比的生态话语体系。“历史的”是指要把生态治理的历史过程讲清楚，生态治理是一个历史过程，讲清楚中国和资本主义国家走过的生态治理历程能够让群众有更全面的认识。“彻底的”是指要把问题本质讲清楚，要把现象背后的价值追求和逻辑理路透彻地剖析出来，这样才能真正说服他人。“全面的”是指多角度地讲述生态事实，要将数据与事例相结合、积极与消极相结合、理论与实践相结合、对内传播与对外传播相结合、学理性阐释与口语化表达相结合等。“对比的”是指基于客观事实对中西生态治理行科学合理的比较，得出令人信服的结论，而非一味地鼓吹或扼杀。总而言之，加强中国特色生态治理模式研究，推动构建生态话语体系，有利于扭转

① 习近平. 论党的宣传思想工作[M]. 北京：中央文献出版社，2020：121.

对西方话语的“话语逆差”，破除人们的刻板印象，从而增强生态自信，为进一步推动中国特色生态治理模式成熟发展、为新时代推进生态文明建设提供活力。为此，必须要坚持以动人的生态故事、科学的生态思想和切实的生态成果，去传递中国生态治理的铿锵之声。

参 考 文 献

[1] 中共中央马克思恩格斯列宁斯大林著作编译局，编译. 马克思恩格斯选集：第一卷[M]. 北京：人民出版社，2012.

[2] 中共中央马克思恩格斯列宁斯大林著作编译局，编译. 马克思恩格斯选集：第二卷[M]. 北京：人民出版社，2012.

[3] 中共中央马克思恩格斯列宁斯大林著作编译局，编译. 马克思恩格斯选集：第三卷[M]. 北京：人民出版社，2012.

[4] 中共中央马克思恩格斯列宁斯大林著作编译局，编译. 马克思恩格斯选集：第四卷[M]. 北京：人民出版社，2012.

[5] 中共中央马克思恩格斯列宁斯大林著作编译局，编译. 马克思恩格斯文集：第一卷[M]. 北京：人民出版社，2009.

[6] 中共中央马克思恩格斯列宁斯大林著作编译局，编译. 马克思恩格斯文集：第二卷[M]. 北京：人民出版社，2009.

[7] 中共中央马克思恩格斯列宁斯大林著作编译局，编译. 马克思恩格斯文集：第三卷[M]. 北京：人民出版社，2009.

[8] 中共中央马克思恩格斯列宁斯大林著作编译局，编译. 马克思恩格斯文集：第四卷[M]. 北京：人民出版社，2009.

[9] 中共中央马克思恩格斯列宁斯大林著作编译局，编译. 马克思恩格斯文集：第五卷[M]. 北京：人民出版社，2009.

[10] 中共中央马克思恩格斯列宁斯大林著作编译局，编译. 马克思恩格斯文集：第六卷[M]. 北京：人民出版社，2009.

[11] 中共中央马克思恩格斯列宁斯大林著作编译局，编译. 马克思恩格斯文集：第七卷[M]. 北京：人民出版社，2009.

[12] 中共中央马克思恩格斯列宁斯大林著作编译局，编译. 马克思恩格斯文集：第八卷[M]. 北京：人民出版社，2009.

[13] 中共中央马克思恩格斯列宁斯大林著作编译局，编译. 马克思恩格斯文集：第九卷[M]. 北京：人民出版社，2009.

[14] 中共中央马克思恩格斯列宁斯大林著作编译局，编译. 马克思恩格斯文集：第十卷[M]. 北京：人民出版社，2009.

[15] 中共中央马克思恩格斯列宁斯大林著作编译局，编译. 马克思恩格斯全集：第三十卷[M]. 北京：人民出版社，1995.

[16] 中共中央马克思恩格斯列宁斯大林著作编译局，编译. 马克思恩格斯全集：第三十一卷[M]. 北京：人民出版社，1995.

[17] 中共中央马克思恩格斯列宁斯大林著作编译局，编译. 马克思恩格斯全集：第四十四卷[M]. 北京：人民出版社，1995.

[18] 毛泽东. 毛泽东选集：第二卷[M]. 北京：人民出版社，1991.

[19] 毛泽东. 毛泽东选集：第三卷[M]. 北京：人民出版社，1991.

[20] 中共中央文献研究室. 毛泽东文集：第六卷[M]. 北京：人民出版社，1999.

[21] 中共中央文献研究室. 毛泽东文集：第七卷[M]. 北京：人民出版社，1999.

[22] 邓小平. 邓小平文选：第二卷[M]. 北京：人民出版社，1994.

[23] 邓小平. 邓小平文选：第三卷[M]. 北京：人民出版社，1993.

[24] 江泽民. 江泽民文选：第一卷[M]. 北京：人民出版社，2006.

[25] 江泽民. 江泽民文选：第二卷[M]. 北京：人民出版社，2006.

[26] 江泽民. 江泽民文选：第三卷[M]. 北京：人民出版社，2006.

[27] 胡锦涛. 胡锦涛文选：第一卷[M]. 北京：人民出版社，2016.

[28] 胡锦涛. 胡锦涛文选：第二卷[M]. 北京：人民出版社，2016.

[29] 习近平. 习近平著作选读：第一卷[M]. 北京：人民出版社，2023.

[30] 习近平. 习近平著作选读：第二卷[M]. 北京：人民出版社，2023.

[31] 江泽民. 论社会主义市场经济[M]. 北京：中央文献出版社，2006.
[32] 胡锦涛. 论构建社会主义和谐社会[M]. 北京：中央文献出版社，2013.
[33] 邓小平. 建设有中国特色的社会主义：增订本[M]. 北京：人民出版社，1984.
[34] 中共中央文献编辑委员会. 毛泽东著作选读：下册[M]. 北京：人民出版社，1986.
[35] 中央财经领导小组办公室. 邓小平经济理论学习纲要[M]. 北京：人民出版社，1997.
[36] 中央文献研究室，国家林业局. 周恩来论林业[M]. 北京：中央文献出版社，1999.
[37] 中央文献研究室，国家林业局. 毛泽东论林业[M]. 北京：中央文献出版社，2003.
[38] 中央文献研究室，国家林业局. 刘少奇论林业[M]. 北京：中央文献出版社，2005
[39] 中共中央文献研究室. 邓小平思想年谱：1975—1997[M]. 北京：中央文献出版社，1998.
[40] 中共中央文献研究室. 邓小平年谱：1975—1997[M]. 北京：中央文献出版社，2004.
[41] 中共中央文献研究室. 江泽民论有中国特色社会主义[M]. 北京：中央文献出版社，2002.
[42] 中共中央文献研究室. 十五大以来重要文献选编：上[M]. 北京：中央文献出版社，2000.
[43] 中共中央文献研究室. 十六大以来重要文献选编：上[M]. 北京：中央文献出版社，2005.
[44] 中共中央文献研究室. 十六大以来重要文献选编：中[M]. 北京：中央文献出版社，2006.
[45] 中共中央文献研究室. 毛泽东思想年编：1921—1975[M]. 北京：中央文献出版社，2011.
[46] 中共中央文献研究室. 十八大以来重要文献选编：上[M]. 北京：中央

文献出版社，2014.
[47] 中共中央文献研究室．建国以来重要文献选编:第一册[M]．北京：中央文献出版社，2011.
[48] 国家环境保护总局，中共中央文献研究室．新时期环境保护重要文献选编[M]．北京：中央文献出版社，2001.
[49] 马克思主义政治经济学概论编写组．马克思主义政治经济学概论[M]．北京：人民出版社，2011.
[50] 中共中央宣传部．习近平总书记系列重要讲话读本（2016年版）[M]．北京：学习出版社，人民出版社，2016.
[51] 中国特色社会主义生态文明建设道路课题组．中国特色社会主义生态文明建设道路[M]．北京：中央文献出版社，2013.
[52] 习近平．在庆祝中国共产党成立95周年大会上的讲话[M]．北京：人民出版社，2016.
[53] 习近平．在省部级主要领导干部学习贯彻党的十八届五中全会精神专题研讨班上的讲话[M]．北京：人民出版社，2016.
[54] 中共中央文献研究室.习近平关于科技创新论述摘编[M]．北京：中央文献出版社，2016.
[55] 中共中央文献研究室.习近平关于社会主义生态文明建设论述摘编[M]．北京：中央文献出版社，2017.
[56] 中共中央党校.习近平新时代中国特色社会主义思想基本问题[M]．北京：人民出版社，2020.
[57] 国务院发展研究中心资源与环境政策研究所．中国能源革命进展报告（2020）[M]．北京：石油工业出版社，2020.
[58] 顾龙生．毛泽东经济年谱[M]．北京：中共中央党校出版社，1993.
[59] 北京大学现代科学与哲学研究中心．钱学森与现代科学技术[M]．北京：人民出版社，2001.
[60] 逄锦聚，洪银兴，林岗,等．政治经济学[M]．北京：高等教育出版，2003.
[61] 吴国盛．科学的历程[M]．长沙：湖南科学技术出版社，2013.

[62] 刘国华. 中国化马克思主义生态观研究[M]. 南京：东南大学出版社，2014.

[63] 张维为. 中国超越：一个“文明型国家”的光荣与梦想[M]. 上海：上海人民出版社，2014.

[64] 潘家华. 生态文明建设的理论构建和实践探索[M]. 北京：中国社会科学文献出版社，2019.

[65] 王宏波. 社会工程学导论[M]. 北京：科学出版社，2021.

[66] [美]赫伯特・马尔库塞. 工业社会和新左派[M]. 任立,编译. 北京：商务印书馆，1982.

[67] [英]亚当・斯密. 国民财富的性质和原因的研究:下卷[M]. 郭大力，王亚南,译. 北京：商务印书馆，1983.

[68] [美]道格拉斯・诺斯. 制度、制度变迁与经济绩效[M]. 刘守英,译. 上海：三联书店，1994.

[69] [美]里普森. 政治学的重大问题（第10版）[M]. 刘晓，等，译. 北京：华夏出版社，2001.

[70] [美]詹姆斯・奥康纳. 自然的理由：生态马克思主义研究[M]. 唐正东，臧佩红，译. 南京：南京大学出版社，2003.

[71] [美]赫伯特・马尔库塞. 单向度的人[M]. 刘继，译. 上海：上海译文出版社，2006.

[72] [奥]路德维希・冯・米塞斯. 社会主义：经济与社会学的分析[M].王建民，等，译. 北京：中国社会科学出版社，2008.

[73] [美]戴维・哈维. 正义、自然和差异地理学[M]. 胡大平，译. 上海：上海人民出版社，2010.

[74] [美]埃利希・弗洛姆. 健全的社会[M]. 孙恺祥，译. 上海：上海译文出版社，2011.

[75] [印]萨拉・萨卡. 生态社会主义还是生态资本主义[M]. 张淑兰，译. 济南：山东大学出版社，2012.

[76] [德]乌尔里希・布兰德，马尔库斯・威森. 资本主义自然的限度：帝国式生活方式的理论阐释及其超越[M]. 郇庆治，等，译. 北京：中国

环境出版集团，2019.
[77] 秦奋．日本自然环境保护法[J]．国外法学，1982（4）．
[78] 余谋昌．生态意识及其主要特点[J]．生态学杂志，1991（4）．
[79] 景天魁．中国社会发展的时空结构[J]．中国社会科学，1999（6）．
[80] 鲁品越．生产关系理论的当代重构[J]．中国社会科学，2001（1）．
[81] 刘仁胜．法兰克福学派的生态学思想[J]．江西社会科学，2004（10）．
[82] [德]托马斯·海贝勒．关于中国模式若干问题的研究[J]．当代世界与社会主义，2005（5）．
[83] 陈学明．“生态马克思主义”对于我们建设生态文明的启示[J]．复旦学报（社会科学版），2008（4）．
[84] 杨建科，王宏波．论自然工程与社会工程的关系[J]．自然辩证法研究，2008（1）．
[85] 刘仁胜．德国生态治理及其对中国的启示[J]．红旗文稿，2008（20）．
[86] 吴敬琏．中国模式祸福未定[J]．社会观察，2010（12）．
[87] 丁志刚，刘瑞兰．“中国模式说”值得商榷[J]．学术界，2010（4）．
[88] 胡连生．论西方资本主义的生态文明与发展中国家环境恶化的关系[J]．当代世界与社会主义，2010（3）．
[89] 张维为．一个奇迹的剖析：中国模式及其意义[J]．红旗文稿，2011（6）．
[90] 张纯厚．环境正义与生态帝国主义：基于美国利益集团政治和全球南北对立的分析[J]．当代亚太，2011（3）．
[91] 陈学明．资本逻辑与生态危机[J]．中国社会科学，2012（11）．
[92] 夏光．构筑环境保护的“中国模式”[J]．环境保护，2012（1）．
[93] 欧阳志远，吕楠．热话题与冷思考——关于生态文明与社会主义的对话[J]．当代世界与社会主义，2013（2）．
[94] 张春燕．百年一叶[J]．环境教育，2013（12）．
[95] 顾钰民．论生态文明制度建设[J]．福建论坛（人文社会科学版），2013（6）．
[96] 郇庆治．“包容互鉴”：全球视野下的“社会主义生态文明”[J]．当

代世界与社会主义，2013（2）.

[97] 陈玲，周静，周美春. 西方环保民间组织的发展及借鉴研究[J]. 环境科学与管理，2013（9）.

[98] 夏光. 建立系统完整的生态文明制度体系——关于中国共产党十八届三中全会加强生态文明建设的思考[J]. 环境与可持续发展，2014（2）.

[99] 蔡华杰. 社会主义生态文明的“社会主义”意涵[J]. 教学与研究，2014（1）.

[100] 陈曙光. 多元话语中的“中国模式”论争[J]. 马克思主义研究，2014（4）.

[101] 夏建中，张菊枝. 我国社会组织的现状与未来发展方向[J]. 湖南师范大学社会科学学报，2014（1）.

[102] 周光迅，王敬雅. 资本主义制度才是生态危机的真正根源[J]. 马克思主义研究，2015（8）.

[103] 顾钰民. 生态危机根源与治理的马克思主义观[J]. 毛泽东邓小平理论研究，2015（1）.

[104] 任瑞敏. 生态危机根源：“欲望”唯物化的三个向度[J]. 学术交流，2015（5）.

[105] 习近平. 在党的十八届五中全会第二次全体会议上的讲话（节选）[J]. 求是，2016（1）.

[106] 张劲松. 全球化体系下全球生态治理的非生态性[J]. 江汉论坛，2016（2）.

[107] 徐崇温. 中国道路和中国模式[J]. 毛泽东邓小平理论研究，2016（1）.

[108] 秦书生，晋晓晓. 社会主义生态文明提出的必然性及其本质与特征[J]. 思想政治教育研究，2016（2）.

[109] [美]林恩·怀特，刘清江. 我们生态危机的历史根源[J]. 比较政治学研究，2016（1）.

[110] 王宏波，李天姿. 社会工程的特点及其对治理实践的意义[J]. 厦门大学学报（哲学社会科学版），2016（6）.

[111] 张平淡，张心怡．产能过剩会恶化环境污染吗？[J]．黑龙江社会科学，2016（1）．
[112] 沈满洪．生态文明制度建设：一个研究框架[J]．中共浙江省委党校学报，2016（1）．
[113] 赵成，于萍．生态文明制度体系建设的路径选择[J]．哈尔滨工业大学学报（社会科学版），2016（5）．
[114] 方世南．德国生态治理经验及其对我国的启迪[J]．鄱阳湖学刊，2016（1）．
[115] 王莹．国外生态治理实践及其经验借鉴[J]．国家治理，2017（4）．
[116] 退耕还林17年，国家投了多少钱?[J]．中国生态文明，2017（1）．
[117] 曹景文．海外视阈下的中国模式及其世界影响[J]．南京政治学院学报，2017（1）．
[118] 郇庆治．作为一种政治哲学的生态马克思主义[J]．北京行政学院学报，2017（4）．
[119] 解振华．构建中国特色社会主义的生态文明治理体系[J]．中国机构改革与管理，2017（10）．
[120] 李懿，解轶鹏，石玉．国外生态治理体系的建构模式探析[J]．国家治理，2017（3）．
[121] 张剑．从生态文明建设的比较中坚定文化自信[J]．红旗文稿，2018（4）．
[122] 张云飞．资本主义生态危机的批判视界[J]．社会科学辑刊，2018（2）．
[123] [加]贝淡宁．中国政治模式：贤能还是民主[J]．中央社会主义学院学报，2018（4）．
[124] 包心鉴．制度的定型与优化：当代中国改革的内在逻辑[J]．科学社会主义，2018（5）．
[125] 郇庆治．社会主义生态文明观阐发的三重视野[J]．北京行政学院学报，2018（4）．
[126] 王雨辰．论德法兼备的社会主义生态治理观[J]．北京大学学报（哲学社会科学版），2018（4）．
[127] 王雨辰．论后发国家生态危机的实质与生态文明理论应有的价值立场

[J]. 玉林师范学院学报，2019（1）.

[128] 何玉长，潘超. 试论中国模式对科学社会主义的振兴[J]. 毛泽东邓小平理论研究，2019（2）.

[129] 任来青. 国有企业要作生态文明建设的表率[J]. 人民论坛，2019（23）.

[130] 于泽瀚. 美国环境执法和解制度探究[J]. 行政法学研究，2019（1）.

[131] 孟献丽，郝玉洁. 生态帝国主义的批判与反思[J]. 当代世界，2019（4）.

[132] 黄承梁. 中国共产党领导新中国70年生态文明建设历程[J]. 党的文献，2019（05）.

[133] [英]山姆·吉尔，阿德里安·伊利，刘利欢. 当代中国“生态文明”的阐述与建设路径[J]. 国外社会科学，2019（2）.

[134] 张云飞. 试论中国特色生态治理体制现代化的方向[J]. 山东社会科学，2016（6）.

[135] 张云飞. 社会主义生态文明观的科学典范[J]. 马克思主义研究，2020（10）.

[136] 江畅，李华峰. “人民至上”价值理念确立的必然性、合理性及重大意义[J]. 思想理论教育，2020（9）.

[137] 张利民，刘希刚. 中国生态治理现代化的世界性场域、全局性意义与整体性行动[J]. 科学社会主义，2020（3）.

[138] 穆艳杰，韩哲. 中国共产党生态治理模式的演进与启示[J]. 江西社会科学，2021（7）.

[139] 薛勇民，张贝丽. 论岩佐茂的环境正义思想[J]. 科学技术哲学研究，2020（1）.

[140] 邹俭朴，徐壮，叶紫嫣，等. “毁粮造林”背后矛盾难解 呼伦贝尔退耕拉锯战[J]. 半月谈，2021（5）.

[141] [澳]阿伦·盖尔，曲一歌. 生态文明的生态社会主义根源[J]. 国外社会科学前沿，2021（1）.

[142] 赵斌，谢淑敏. 重返《巴黎协定》：美国拜登政府气候政治新变化[J]. 和平与发展，2021（3）.

[143] 于法稳. “十四五”时期农村生态环境治理：困境与对策[J]. 中国

特色社会主义研究，2021（1）.

[144] 李包庚，耿可欣．人类命运共同体视域下的全球生态治理[J]．治理研究，2023（1）.

[145] 陈翠芳，周贝．我国生态治理现代化：优势·矛盾·对策[J]．吉首大学学报（社会科学版），2023（2）：59—69.

[146] 胡锦涛．把节约能源资源放在更突出的战略位置 强调加快建设资源节约型、环境友好型社会[N]．人民日报，2006—12—27（01）.

[147] 石仲泉．中国特色社会主义理论体系为什么不包括毛泽东思想？[N]．河南日报，2007—11—13（05）.

[148] 张玉玲．坚持共同但有区别的责任原则[N]．光明日报，2009—12—17（04）.

[149] 习近平．关于《中共中央关于全面深化改革若干重大问题的决定》的说明[N]．人民日报，2013—11—16（01）.

[150] 习近平．掌握工作制胜的看家本领——关于科学的思想方法和工作方法[N]．人民日报，2014—07—17（12）.

[151] 任彦．发展中国家成西方电子垃圾倾倒场[N]．人民日报，2014—06—09（21）.

[152] 李拯．我们为什么要“回到孔子”[N]．人民日报，2014—09—25（04）.

[153] 坚决打好扶贫开发攻坚战 加快民族地区经济社会发展[N]．人民日报，2015—01—22（01）.

[154] 习近平．坚持依法治国和以德治国相结合 推进国家治理体系和治理能力现代化[N]．人民日报，2016—12—11（01）.

[155] 李干杰．中国特色的生态环境治理模式基本形成[N]．科技日报，2017—12—12（01）.

[156] 任彦．空气污染让欧盟国家很头痛[N]．人民日报，2017—02—23（22）.

[157] 李干杰．牢固树立社会主义生态文明观[N]．学习时报，2017—12—08（A1）.

[158] 习近平. 同舟共济创造美好未来——在亚太经合组织工商领导人峰会上的主旨演讲[N]. 人民日报，2018—11—18（02）.

[159] 喻思南. 三北工程区生态环境明显改善[N]. 人民日报，2018—12—25（09）.

[160] 2019年令地球难受的6个数字[N]. 参考消息，2019—11—30（06）.

[161] 钟声. “中国绿”为地球添生机[N]. 人民日报，2019—02—18（03）.

[162] 公民生态环境行为调查报告（2019年）[N]. 中国环境报，2019—06—03（05）.

[163] 周鸿升. 世界生态建设史上的奇迹——写在我国新一轮退耕还林还草工程取得突出成效之际[N]. 光明日报，2019—07—13（05）.

[164] 习近平. 在企业家座谈会上的讲话[N]. 人民日报，2020—07—21（02）.

[165] 保市场主体就是保社会生产力 保护和激发市场主体活力[N]. 人民日报，2020—07—24（02）.

[166] 尚文博. 我国天然林全部纳入保护范围[N]. 中国绿色时报，2020—12—22（01）.

[167] 寇江泽. 田野可栽苗“云端”能造林[N]. 人民日报，2020—04—04（05）.

[168] 学党史悟思想办实事开新局 以优异成绩迎接建党一百周年[N]. 人民日报，2021—02—21（01）.

[169] 高建生. 右玉精神的科学内涵与价值意蕴[N]. 光明日报，2021—03—30（08）.

[170] 吴文成. 全球治理需要真正的多边主义[N]. 光明日报，2021—06—07（12）.

[171] 习近平. 加强政党合作 共谋人民幸福——在中国共产党与世界政党领导人峰会上的主旨讲话[N]. 人民日报，2021—07—07（02）.

[172] 贯彻新发展理念弘扬塞罕坝精神 努力完成全年经济社会发展主要目标任务[N]. 人民日报，2021—08—26（01）.

[173] 王库．中国政府生态治理模式研究[D]．长春：吉林大学，2009.

[174] 刘静．中国特色社会主义生态文明建设研究[D]．北京：中共中央党校，2011.

[175] 李江新．关于“中国模式”若干问题的理性审思[D]．南京：南京大学，2012.

[176] 杨秀萍．中国模式：经验、困局与出路[D]．天津：南开大学，2012.

[177] 高占春．世界文明形态多样性视域下的“中国模式”研究[D]．西安：陕西师范大学，2013.

[178] 潘文岚．中国特色社会主义生态文明研究[D]．上海：上海师范大学，2015.

[179] 汪希．中国特色社会主义生态文明建设的实践研究[D]．成都：电子科技大学，2016.

[180] 张建光．现代化进程中的中国特色社会主义生态文明建设研究[D]．长春：吉林大学，2018.

[181] 唐雄．中国特色社会主义生态文明建设研究[D]．武汉：华中师范大学，2018.

[182] 董杰．改革开放以来中国社会主义生态文明建设研究[D]．北京：中共中央党校，2018.

[183] 陈文林．中国特色社会主义公正观研究[D]．西安：陕西师范大学，2019.

[184] 张成利．中国特色社会主义生态文明观研究[D]．北京：中共中央党校，2019.

[185] 唐磊．新时代中国特色社会主义公平观研究[D]．北京：北京交通大学，2020.

[186] 张伟军．中国特色社会主义政党制度的生成逻辑与实践机理研究[D]．兰州：兰州大学，2020.

[187] J. B. Foster. Capitalism’s Environmental Crisis: Is Technology the Answer? [J]. Hitotsubashi Journal of Social Studies, 2001,(7).

[188] Polimeni, J. M., Polimeni, R. I. Jevons' Paradox and the myth of technological liberation [J] Ecological Complexity, 2006,3(4).

[189] A Jordan, RKW Wurzel, A Zito. The Rise of 'New' Policy Instruments in Comparative Perspective: Has Governance Eclipsed Government? [J]. Political Studies, 2010,53(3).

[190] Barry Naughton, China's Distinctive System: Can it be a model for others? [J]. Journal of Contemporary China, 2010,19(65).

[191] Matthew Thomas Clement. The Jevons paradox and anthropogenic global warming: A panel analysis of state-level carbon emissions in the United States, 1963-1997 [J]. Society and Natural Resources, 2011,24(9).

[192] Maureen G.Reed, Colleen George. Where in the world is environmental justice?[J]. Progress in Human Geography, 2011,35(6).

[193] Richard Balme, Tang Renwub. Environmental governance in the People's Republic of China: the political economy of growth, collective action and policy developments–introductory perspectives [J]. Asia Pacific Journal of Public Administration, 2014,36(3).

[194] Hal Swindall. China's Green Religion: Daoism and the Quest for a Sustainable Future by James Miller (review) [J]. China Review International, 2016,32(1).

[195] Kang Chen, Two China Models and Local Government Entrepreneurship [J]. China: An International Journal, 2016,14(3).

[196] Mary Finley-Brook, Erica L. Holloman. Empowering Energy Justice[J]. International Journal of Environmental Research and Public Health, 2016,13(9).

[197] Rachel Freeman， et al. Revisiting Jevons' Paradox with System Dynamics: Systemic Causes and Potential Cures [J]. Journal of Industrial Ecology, 2016,(2).

[198] Wright Teresa. Civil Society under Authoritarianism: The China Model, by Jessica C. Teets [J]. The China Journal, 2017,(77).

[199] Ryan Gunderson, Sun-Jin Yun. South Korean green growth and the Jevons paradox: An assessment with democratic and degrowth policy recommendations [J]. Journal of Cleaner Production, 2017,(2).

[200] L Slavíková, RU Syrbe, J Slavík, A Berens. Local environmental NGO roles in biodiversity governance: a Czech-German comparison [J]. GeoScape, 2017,11(1).

[201] L. Brooks, S. Wang, J. R. Jambeck. The Chinese import ban and its impact on global plastic waste trade [J]. Science Advances, 2018,4(6).

[202] Maura Allaire, Haowei Wu, Upmanu Lall. National Trends in Drinking Water Quality Violations. [J]. Proceedings of the National Academy of Sciences, 2018,115(9).

[203] Michael Greenstone. Four Years After Declaring War on Pollution, China Is Winning [N]. The New York Times, 2018-03-12.

[204] Chi Chen, Taejin Park, Xuhui Wang et al. China and India lead in greening of the world through land-use management [J]. Nature Sustainabilty, 2019,(02).

[205] Cheng Yung-nien, The Chinese model of development: An international perspective [J]. Social Sciences in China, 2020,31(2).

后　记

本书是我读博以来思考的结果，在它付梓之际，特向西安交通大学王宏波教授、中共中央党校（国家行政学院）赵建军教授表达最诚挚的谢意，感谢两位老师在我攻读博士期间的谆谆教导与耳提面命，感谢两位老师在书稿撰写过程中的无私奉献和悉心指导。自20世纪80年代开始，王宏波教授一直坚持思考和研究工程哲学、社会工程等问题，随着研究的深入，发表了一系列高水平学术论文，承担了相应的理论研究和实证研究课题，出版了《工程哲学与社会工程》《社会工程研究引论》《社会工程学导论》等著作，可以说，王宏波教授及其团队研究所取得的丰硕成果成为西安交通大学哲学社会科学的鲜明标识和闪亮名片，也为马克思主义理论学科研究开辟了新的学术视野和学术增长点。作为王老师招收的最后一名博士生，从时间上看，虽然未能充分参与到社会工程等相关问题的研究，实属遗憾，但是王老师对一些问题的独到见解和鞭辟入里的分析时常给我震撼和启发，当我读到王老师关于模式的研究时，我便萌生了从模式视角去分析中国特色社会主义生态文明建设的想法。中央党校赵建军教授是王宏波教授的好友，是我国科技哲学、生态文明建设领域的知名专家，机缘巧合之下成为我攻博期间的合作导师。于我本人而言，十分有幸成为赵老师的学生，开启生态文明相关的思考和研究，跟随赵老师进行论文撰写、课题论证、实地调研，让我收益颇丰。一言蔽之，两位老师渊博的专业知识、严谨的治学态度、开阔的学术视野、豁达的生活心态深深地影响着我，是我读博乃至整个人生做人、做事、做学问所要努力追寻和学习的榜样。

攻读博士绝非易事，在此过程中还要十分感谢众多良师益友的指导和帮助。感谢西安交通大学为学子营造的良好学习环境与氛围，感谢马克思主义学院的每一位老师的鞭策鼓励和关心呵护；感谢同门、同窗的好友，与你们的交流探讨是一个享受的过程，不仅解答了我的疑惑、增长了我的学识，而且更重要的是激发了情感的共鸣，收获了可贵的友谊；感谢我的亲人，你们的默默支持是我最坚强的后盾，是我迎难而上的动力源泉。感谢在我的博士论文评审和答辩中，给予指导和鼓励的各位老师。

本书获得陕西师范大学优秀学术著作出版资助，在此感谢陕西师范大学给予的肯定和支持，感谢马克思主义学院各位领导、同事的关心和帮助。感谢陕西师范大学出版总社王雅琨编辑的悉心指导。要感谢的人还有很多，这里不再一一列出，总之，千言万语汇集成一声“感谢”，感谢所有出现在我生命中那些不期而遇的人，正是有你们的存在，我的生活才会如此真实而又精彩。还要感谢自己，回望过去，在二十多年求学求知的经历中，有惊喜、有挫折、有欢笑、有泪水，但更多的是平平淡淡和脚踏实地，非常庆幸自己对求学求知始终如一的坚定选择。漫漫求知路，我收获的不仅有知识，更有满满的回忆以及宝贵的人生财富。

最后我想说，学术探索永远在路上。生态治理是一项极其复杂的、久久为功的社会系统工程，是一个需要不断纵深推进的学术话题。在本研究的基础上，我进一步拓展思考生态文明与共同富裕的内在联系，并获得陕西省社会科学基金年度项目立项，更加坚定了这一想法。在新时代，我们需要立足中国式现代化的基本特征和本质要求深入思考，需要站在社会主义现代化强国建设、中华民族伟大复兴乃至人类文明永续发展的高度去持续研究，我也深知自身理论功底和学术水平有限，文中尚有不足和改善提高之处，恳请各位学界前辈和同人批评指正！

杨永浦
2024年9月